Herbert Ant

ÖSTERREICHISCHE AKADEMIE DER WISSENSCHAFTEN
MATHEMATISCH-NATURWISSENSCHAFTLICHE KLASSE
DENKSCHRIFTEN, 120. BAND

DIE LANDSCHNECKEN IM PANNON UND PONT DES WIENER BECKENS

I. Systematik

II. Fundorte, Stratigraphie, Faunenprovinzen

JOSEF PAUL LUEGER

WIEN 1981

IN KOMMISSION BEI SPRINGER-VERLAG WIEN NEW YORK

(Vorgelegt in der Sitzung der m.-n. Klasse am 27. März 1980 durch das w. M. Wilhelm Kühnelt)

Alle Rechte vorbehalten

Copyright © 1981 by
Österreichische Akademie der Wissenschaften
Wien

ISSN 0379-0207

ISBN-13: 978-3-211-86488-3   e-ISBN-13: 978-3-7091-5513-4
DOI: 10.1007/978-3-7091-5513-4

Herbert Ant

DIE LANDSCHNECKEN IM PANNON UND PONT DES WIENER BECKENS
I.

Systematik

JOSEF PAUL LUEGER

Zusammenfassung

In der vorliegenden Arbeit werden 85 Landschneckenarten aus 50 Gattungen systematisch angeführt und beschrieben. Fünf Arten aus vier Gattungen sind Prosobranchier, der Rest Pulmonata. Die Arten bzw. Unterarten *Azeka tridentiformis austriaca* n. ssp., *Abida costata* n. sp., *Perpolita disciformis* n. sp., *Nordsieckia fischeri pontica* n. ssp., *Klikia coarctata planispira* n. ssp., *Klikia (Steklovia) magna* n. sp., *Klikia trolli* n. sp., *Cepaea bulla* n. sp. sowie *Triptychia (Milneedwardsia) lageti schultzi* n. ssp. werden neu beschrieben und 19 Arten aus dem Pannon und Pont des Wiener Beckens erstmals angeführt.

Die Untergattung *Pontaegopis* n. subgen. wird innerhalb der Gattung *Aegopis* FITZINGER (1833) neu aufgestellt, da sie sich von dieser in charakteristischer Weise durch eine gerundete (nicht scharf gekielte) Embryonalschale unterscheidet.

Dank

Die Arbeit umfaßt den systematischen Teil meiner Dissertation, an deren Zustandekommen meine Eltern, mein Dissertationsvater, Herr Professor Dr. ADOLF PAPP (Universität Wien), und Herr Dr. ORTWIN SCHULTZ (Naturhistorisches Museum Wien) maßgeblichen Anteil haben, wofür ich mich aufrichtig bedanke.

Mein besonderer Dank gebührt auch den Herren Professoren Dr. WILHELM KÜHNELT und Dr. HELMUTH ZAPFE (beide Universität Wien), die mir die Publikation dieser Arbeit ermöglichten.

Für klärende Aussprachen und wichtige Hinweise möchte ich mich bei Herrn Dr. JOHANN HOHENEGGER, der auch die Aufnahmen am Rasterelektronenmikroskop machte, Herrn Prof. Dr. WILHELM KLAUS, Herrn Doz. Dr. JOHANNES KURZWEIL, Herrn Doz. Dr. GERNOT RABEDER (alle Universität Wien) und Herrn ERHARD WAWRA (Naturhistorisches Museum Wien) herzlich bedanken. Für ihre unentbehrlichen schriftlichen Hinweise gilt mein Dank Herrn Dr. RONALD JANSSEN (Forschungsinstitut Senckenberg), Herrn Oberstudienrat HARTMUT NORDSIECK (VS-Schwenningen), Herrn Prof. Dr. ADOLF RIEDEL (Warschau), Herrn Dr. W. RICHARD SCHLICKUM† (Köln) und Herrn Dr. MANFRED WARTH (Naturkundemuseum Stuttgart). Besonders bedanken möchte ich mich auch bei Herrn CHARLES REICHEL (Universität Wien), in dessen bewährten Händen die Fotoarbeiten lagen.

Inhalt

	Seite
Zusammenfassung	5
Dank	5
Inhalt	7
Einleitung	9
Prosobranchia	10
Pomatiasidae	10
Acmidae	11
Cyclophoridae	13
Pulmonata	14
Ellobiidae	14
Cochlicopidae	16
Vertiginidae	18
Chondrinidae	23
Pupillidae	30
Valloniidae	33
Enidae	37
Succineidae	37
Enodontidae	39
Vitrinidae	41
Zonitidae	42
Milacidae	47
Limacidae	48
Arionidae	48
Ferussacidae	49
Subulinidae	49
Clausiliidae	50
Triptychiidae	52
Oleacinidae	55
Testacellidae	56
Helicidae	56
Schriftenverzeichnis	76
Fossilnamen-Index	120
Tafeln	125

Einleitung

Diese Zusammenstellung ist keine systematische Revision. Eine solche müßte für die einzelnen Taxa gesondert vorgenommen werden. Nur in einigen Fällen, wo systematische Neuheiten offen zutage treten, werden diese hervorgehoben. Neuere Revisionen wurden aber selbstverständlich berücksichtigt. Die Einteilung nach Gattungen und höheren Taxa erfolgte in erster Linie nach WENZ und ZILCH (1960). Auch hier wurden aber neuere Erkenntnisse anderer Autoren und eigene Ergebnisse miteinbezogen.

Die Arten sind als paläontologische Formgruppen zu verstehen. Soweit wie möglich wurde aber eine Annäherung an die biologische Artfassung versucht.

Die Synonymielisten umfassen zumindest alle guten Beschreibungen oder Abbildungen, sofern sie nicht bereits in WENZ (1923) angeführt sind. Aber auch solche Zitate wurden aufgenommen, wenn sie besonders beachtenswert sind. Bei jeder Art werden die Aufbewahrungsorte der Typusexemplare angegeben, soweit sie zu ermitteln waren, weil gerade bei den wenig bearbeiteten Landschnecken diese Information sehr wichtig sein kann. Als Anhaltspunkt für die Qualität der Bestimmungen wurde auch das verwendete Material angegeben. Eine knappe Beschreibung und die Abbildungen sollen eine zweifelsfreie Bestimmung ermöglichen. Auf die näheren verwandtschaftlichen Beziehungen wird ebenfalls eingegangen. Die Lebensansprüche der einzelnen Arten werden kurz beschrieben, nur bei den Heliciden werden sie ausführlicher behandelt, denn diese Schnecken sind meist häufiger anzutreffen, wodurch sich ihre Ökologie besser ermitteln läßt. Bei allen ausgestorbenen Arten kann jedoch die Beschreibung der Lebensumstände nur einen mehr oder weniger hohen Wahrscheinlichkeitsgrad haben, der in erster Linie durch Vergleiche mit rezenten Arten erreicht wird. Selbstverständlich werden aber auch Parameter wie Sedimentbeschaffenheit, Ablagerungsart und Begleitfauna miteinbezogen.

Die Fundortangaben enthalten alle bekannten Fundorte aus dem Pannon und Pont des Wiener Beckens und aus dessen nächstliegenden Gebieten sowie wichtige Fundorte anderer Regionen und Zeitabschnitte. Über die stratigraphische Einstufung der Fundorte siehe LUEGER (1978).

Die Arbeit soll im Anschluß an PAPP (1953) „Die Molluskenfauna des Pannon im Wiener Becken" einen weiteren Beitrag zur vollständigen Erfassung der Molluskenfauna des Pannon und Pont im Wiener Becken bilden. Somit sind nur noch die Basommatophoren und die Sphaeriiden ausständig. Für künftige Detailuntersuchungen soll diese Arbeit eine Grundlage bieten.

Zeichenerklärung: * Erstbeschreibung; · gut beschrieben oder abgebildet; v die dem Zitat zugrunde liegenden Exemplare wurden vom Autor gesehen; ? fragliches Zitat.

Ökologische Kurzbezeichnungen: In Anlehnung an V. LOZEK (1964 b) wurden für die wichtigsten ökologischen Ansprüche der bearbeiteten Schnecken Kurzbezeichnungen gewählt, die grob den Lebensraum und die Feuchtigkeitsansprüche charakterisieren.

H — Bewohner von Ufergebieten
W — Waldbewohner
O — Bewohner offener Landschaften, wie Wiesen, Steppen und Savannen

f — steinigen bis felsigen Untergrund bevorzugend
h — hygrophil, feuchtigkeitsliebend
m — mesophil bis euryök, weder starke Feuchtigkeit noch Trockenheit bevorzugend
x — xerophil, trockenheitsliebend

Die Kurzbezeichnungen können in jeder Weise kombiniert werden. Mit einem Fragezeichen versehene Bezeichnungen sind unsicher. Bei mehreren aneinandergereihten Bezeichnungen sind jene von geringerer Bedeutung, die in Klammer angeführt werden.

Beispiele: W(h) — Leicht feuchtigkeitsliebender Waldbewohner, z. B. eine unter mäßig feuchtem Fallaub lebende Schnecke. O(W) — Bewohner offener Landschaften, der aber auch untergeordnet im Wald vorkommt, z. B. *Vallonia costata*, die Wiesen und Feldraine besiedelt, jedoch auch in lichten Randgebieten des Waldes lebt.

Verzeichnis der angeführten Sammlungen und Museen

Geologische Bundesanstalt Wien
Geologisch-paläontologisches Museum Agram
Kollegium Kalksburg Wien (Naturgeschichtliche Sammlung)
Laboratoire de Géologie de la Faculté des sciences (Universität Dijon)
Nationalmuseum Budapest
Nationalmuseum Prag
Naturhistorisches Museum Genf
Naturhistorisches Museum Kopenhagen
Naturhistorisches Museum Toulouse
Naturhistorisches Museum Wien (NHM)
Roemermuseum Hildesheim
Sammlung EDLAUER (im NHM) (ED)
Sammlung KLEMM (Wien)
Sammlung LUEGER (Wien) (LU)
Sammlung PAPP (Institut für Paläontologie der Universität Wien) (PA)
Sammlung PUISSEGUR (Dijon)
Sammlung SCHLICKUM (Hattingen-Oberelfringhausen) (SCH)
Sammlung SCHÜTT (Düsseldorf)
Sammlung TROLL-OBERGFELL (im NHM) (TO)
Senckenberg-Museum Frankfurt (SMF)
Staatliches Museum für Naturkunde Stuttgart
Staatssammlung für Paläontologie und historische Geologie München
Ungarische geologische Anstalt Budapest (GA)

Unterklasse: **PROSOBRANCHIA**
Ordnung: **MESOGASTROPODA**
Oberfamilie: Littorinacea
Familie: Pomatiasidae
Gattung: *Pomatias* STUDER, 1789

Pomatias conica (KLEIN)
Taf. 1, Fig. 11a—c, 12a—b; Taf. 6, Fig. 3

* 1853 *Cyclostoma conicum* mihi — KLEIN, 217, Taf. 5, Fig. 14
· 1875 *Tudora conica* KLEIN sp. — SANDBERGER, 606, Taf. 29, Fig. 34 a—b
  1923 *Tudorella conica conica* (KLEIN) - WENZ, 1820
  1954 *Pomatias conicus* (KLEIN) - PAPP u. THENIUS, 21

Typen: Vermißt. Ursprünglich im Naturkundemuseum Stuttgart.

Material: TO: 13 Deckeln vom Richardshof, 5 beschädigte Exemplare vom Richardshof; ED: 7 Exemplare vom Schneckengarten bei Mörsingen, 1 Bruckstück aus Inzersdorf, 3 Exemplare vom Richardshof; LU: 4 Exemplare vom Richardshof, 1 Deckel vom Richardshof.

Diagnose: Bauchig kegelförmig, Umgänge sehr stark gerundet mit zahlreichen scharfen Spiralstreifen, die durch feine Anwachsstreifen durchkreuzt werden.

Beschreibung: H = etwa 11,5 mm; B = etwa 8 mm. Bauchig kegelförmig, Flanken gewölbt, Apex stumpf. Der Protoconch umfaßt etwa 2⅓ glatte Umgänge. Etwa 5 stark gewölbte, durch eine tiefe Naht getrennte Umgänge. Diese sind durch zahlreiche scharfe Spiralreifen verziert, die durch etwa doppelt bis dreimal so breite Zwischenräume getrennt sind. In diese können sich noch weitere, schwächere Reifen einschieben. Auf der Unterseite der Windungen nimmt die Breite der Zwischenräume stark ab. Die Spiralreifen werden durch schwächere Anwachsstreifen durchkreuzt, die an den Kreuzungspunkten oft schwache Knötchen bilden. Mit zunehmender Windungszahl nimmt der Gehäusewinkel stark ab, besonders der letzte Umgang ist bereits weit weniger ausladend als die vorhergehenden. Nabel breit geritzt. Mündung rundlich, nur am Ansatz des Oberrandes sehr stumpf gewinkelt. Mundrand einfach, unverdickt, parietal nur wenig angeheftet.

Der Deckel ist beiderseits flach. Die Anwachsstreifen sind sehr schief und blättrig. Der Kern ist seicht vertieft und liegt etwas unterhalb der Mitte.

Beziehungen: In die nähere Verwandtschaft ist aufgrund der Form und Skulptur *Pomatias consobrina* (C. MAYER), *turgidula* (C. MAYER) und *bisulcata* (ZIETEN) zu stellen. *Pomatias turgidula* ist in der Form ähnlich, die Anwachsstreifen sind jedoch stärker, und nur selten schieben sich Sekundärrippen zwischen die Spiralreifen ein. *Pomatias consobrina* und *bisulcata* sind größer, und ihr letzter Umgang ist der ausladenste (bei *conica* meist der vorletzte). Überdies tragen diese beiden Arten wulstartige Verstärkungen vor der Mündung. Sehr nahe steht auch die seit dem Pleistozän auftretende *Pomatias elegans* (O. F. MÜLLER), die sich nur durch die etwas weniger starke und weniger enge Spiralberippung und durch die deutlicheren Anwachsstreifen, die der Skulptur ein netzartiges Aussehen verleihen, von *conica* unterscheidet.

Vorkommen: Obermiozän (Silvanaschichten): Mörsingen; Sarmat: Steinheim; Pannon E: Vösendorf, Inzersdorf; Pont H: Richardshof.

Ökologie: W(m).

Oberfamilie:	Rissoacea
Familie:	Acmidae
Gattung:	*Acme* HARTMANN, 1821
Untergattung:	*Acme* s. str.

Acme (Acme) edlaueri (SCHLICKUM)
Taf. 1, Fig. 16a—b

- 1954 *Pupula limbata* (REUSS) - BARTHA, 175, Taf. 1, Fig. 8—10
* 1970 *Acicula (Acicula) edlaueri* n. ssp. — SCHLICKUM, 86, Abb. 4
- 1978 *Acicula (Acicula) irenae* n. sp. — SCHLICKUM, 246, Taf. 18, Fig. 2

Typus: Holotypus: SCH S 12934; Paratypen: SMF 196173/8, SCH S 80373, PA, Sammlung KLEMM (Wien), Sammlung SCHÜTT (Düsseldorf).

Material: PA: 8 Exemplare vom Eichkogel (Paratypen); TO: 1 Exemplar vom Richardshof; LU: 8 Exemplare vom Eichkogel.

Diagnose: Für die Gattung mittelgroß, mittelschlank, Mundrand etwas verdickt, nach unten schwach, nach innen ziemlich breit umgeschlagen.

Beschreibung: H = etwa 2,3 mm; B = etwa 1 mm. Mäßig festschalig, Protoconch glatt, etwa mit einem Umgang. Apex stumpf. Habitus zylindrisch, nach oben etwas verjüngt. Etwa 6 gleichmäßig zunehmende, mäßig gewölbte Umgänge. Andeutungsweise genabelt. Die Umgänge sind durch eine eingesenkte Naht getrennt. Unterhalb der Naht befindet sich eine spiralige, fadenförmige Erhebung. Deutliche, in unregelmäßigen und ziemlich dichten Abständen angeordnete axiale Anwachsrillen, sonst glatt. Mündung annähernd eiförmig, oben zugespitzt. Mundrand schwach verdickt, besonders im aufgebogenen Teil, oben nicht, unten aufgebogen und innen umgeschlagen. Mundränder durch einen schwachen Parietalkallus verbunden.

Beziehungen: Die Art steht *Acme michaudi* (SCHLICKUM, 1975) aus dem Pliozän von Cessey-sur-Tille sehr nahe. Diese Form besitzt jedoch einen etwas mehr verdickten Mundrand, und der letzte Umgang fällt etwas steiler ab. Die von SCHLICKUM aus Öcs beschriebene *Acme irenae* (SCHLICKUM, 1978) weist zu *Acme edlaueri* meines Erachtens zu geringe Unterschiede auf, als daß eine artliche Unterscheidung gerechtfertigt wäre.

Vorkommen: Pont H: Eichkogel, Richardshof; Pont: Öcs (Ungarn).

Ökologie: W. Unter Fallaub in feuchten Waldabschnitten.

Untergattung: *Platyla* MOQUIN-TANDON, 1855

Acme (Platyla) subpolita GOTTSCHICK
Taf. 1, Fig. 13—14

* 1921 *Acme (Platyla) subpolita* n. sp. — GOTTSCHICK, 164
· 1923 *Acme (Acme) subpolita* GOTTSCHICK - WENZ, 1854
· 1928 *Acme (Acme) subpolita* GOTTSCHICK - WENZ, 8, Abb. 2

Typus: Ehemals vermutlich in der Sammlung WENZ, die im Zweiten Weltkrieg zerstört wurde.

Material: ED: 1 Exemplar aus Leobersdorf (Schottergrube), 1 Exemplar aus Leobersdorf (Ziegelei).

Diagnose: Glatt, wulstige Verdickung auf letztem Umgang kurz vor der Mündung. Knapp unter der Naht stufige, spiral verlaufende Vertiefung.

Beschreibung: H = 2,7 mm; B = 0,95 mm (Holotypus). Konisch-walzenförmig, Apex stumpf. Etwa 6 mäßig gewölbte, mäßig an Breite zunehmende, glatte Umgänge mit einer spiralverlaufenden stufigen Vertiefung knapp unter der eingesenkten Naht. Der letzte Umgang steigt kurz vor der Mündung leicht an und trägt knapp vor der Mündung einen parallel zum Mundsaum verlaufenden Wulst. Mündung eiförmig, oben zugespitzt, Mundsaum wenig verdickt. Spindelrand etwas umgeschlagen, Mundränder durch Parietalkallus verbunden.

Beziehungen: Am nächsten steht die ab dem Pleistozän nachgewiesene *Acme polita* HARTMANN, jedoch ist bei dieser die Naht weiter eingesenkt. Nahe verwandt ist auch *Acme subfusca* FLACH, deren Wulst jedoch schmäler, höher und schärfer ist. Die etwas kleinere *Acme calliosuscula* ANDREAE aus dem Obermiozän von Oppeln hat einen, wie ANDREAE schreibt, „verdoppelten" Mundsaum. Der Wulst liegt hier also weiter hinter der Mündung als bei subpolita und ist von dieser durch eine Rille getrennt.

Vorkommen: Sarmat: Steinheim; Pannon B/C: Leobersdorf (Schottergrube).

Ökologie: W. Unter Fallaub in feuchten Waldabschnitten.

Gattung: *Renea* G. NEVILL, 1880
Untergattung: *Pleuracme* KOBELT (in ROSSMÄSSLER), 1894

Renea (Pleuracme) leobersdorfensis (WENZ)
Taf. 1, Fig. 15

*v 1921c *Pleuracme leobersdorfensis* n. sp. — WENZ, 77, Fig. 5
    1923 *Renea (Pleuracme) leobersdorfensis* WENZ - WENZ, 1860
·? 1967 *Renea (Pleuracme) subveneta* n. sp. — SCHÜTT, 202, Abb. 3

Typus: Holotypus und bisher einziges gefundenes Exemplar: ED.

Diagnose: Scharf abgesetzter Wulst kurz vor der Mündung, kräftige, etwas unregelmäßige Axialrippen.

Beschreibung: B = 1,2 mm. Das einzige bisher gefundene, bruchstückhafte Gehäuse ist langgestreckt, zylindrisch, nach oben etwas verjüngend. Die mäßig gewölbten, durch eine deutliche Naht getrennten Umgänge sind mit kräftigen, etwas unregelmäßigen Axialrippenstreifen verziert, von denen etwa 40 auf den letzten Umgang kommen. Mündung annähernd schief eiförmig, oben zugespitzt. Spindelrand gerade, Mundrand verdickt. Hinter der Mündung befindet sich eine wulstartige Verdickung. Die Mundränder sind durch eine dicke Parietalschwiele verbunden.

Beziehungen: Am nächsten steht wohl *Renea pretiosa* (ANDREAE 1904: 15, Fig. 14), die gleichfalls durch ein Bruchstück bekannt wurde. WENZ (1921c: 77) gibt als Unterscheidungsmerkmal zwischen *leobersdorfensis* und *pretiosa* an, daß erstere größer (was sich anhand der Zeichnung von ANDREAE bestätigt) und feiner gerippt sei. Ob bei *pretiosa* eine wulstartige Verdickung kurz vor der Mündung vorhanden ist, ist aus der Zeichnung nicht zu ersehen. Nach der Beschreibung von SCHÜTT gehört dessen aus dem Sarmat von Hollabrunn beschriebene Art *Renea subveneta* auch zu *Renea leobersdorfensis*.

Vorkommen: Pannon B/C: Leobersdorf (Schottergrube).

Oberfamilie: Cyclophoracea
Familie: Cyclophoridae
Unterfamilie: Craspedopominae
Gattung: *Craspedopoma* PFEIFFER, 1847
Untergattung: *Craspedopoma* s. str.

? *Craspedopoma (Craspedopoma) handmanni* TROLL

* 1907 *Craspedopoma Handmanni* n. sp. — TROLL, 47, Taf. 2, Fig. 2
? 1921c *Bolania handmanni* (TROLL) - WENZ, 77
  1923 *Bolania (Bolania) handmanni* (TROLL) - WENZ, 1767

Typus: Ursprünglich in der TO. Verschollen.
Material: Keines.

Bemerkung: Die Gattung ähnelt der Gattung *Bulimus*, die an der Typlokalität Leobersdorf nicht selten vorkommt. Ich halte es daher nicht für ausgeschlossen, daß TROLL möglicherweise atypische Exemplare von *Bulimus jurinaci* (BRUSINA) oder Valvaten vorlagen.

Vorkommen: Pannon D: Leobersdorf (Heilsamer Brunnen).

Unterklasse: **PULMONATA**
Ordnung: **ARCHAEOPULMONATA**
Oberfamilie: **Ellobiacea** (siehe Erklärung der Mündungsarmatur auf Abb. 2)
Familie: **Ellobiidae**
Unterfamilie: **Carychiinae**
Gattung: *Carychium* O. F. MÜLLER, 1774
Untergattung: *Saraphia* RISSO, 1826

Carychium (Saraphia) pachychilus SANDBERGER
Abb. 1; Taf. 1, Fig. 5—8, 9a—b, 10

- * 1875 *Carychium pachychilus* SANDBERGER - SANDBERGER, 715, Taf. 27, Fig. 12—12c
- 1887 *Carychium Sandbergeri* HANDM. - HANDMANN, 46
- ·v 1911 *Pupa Berthae* n. sp. — HALAVATS, 60, Taf. 3, Fig. 12
- 1923 *Carychium pachychilus* SANDBERGER - WENZ, 1198
- 1923 *Carychium sandbergeri* HANDMANN - WENZ, 1199
- 1923 *Carychium vindobonense* HANDMANN - WENZ, 1201
- · 1942 *Carychium sandbergeri* HANDMANN - WENZ u. EDLAUER, 84, Taf. 4, Fig. 4
- ·v 1959 *Carychium minimum* MÜLL. - BARTHA, Taf. 15, Fig. 4
- ·v 1959 *Carychiopsis berthae* (HALAV.) - BARTHA, Taf. 15, Fig. 5
- · 1967 *Carychium sandbergeri* HANDMANN - SCHÜTT, 204, Abb. 5
- · 1977 *Carychium (Carychiopsis) berthae* (HALAVATS, 1903) - STRAUCH, 161, Taf. 14, Fig. 21—22, Taf. 20, Fig. 80
- · 1977 *Carychium (Saraphia) pachychilus* SANDBERGER - STRAUCH, 164, Taf. 15, Fig. 31—35, Taf. 18, Fig. 60, 62—63, Taf. 20, Fig. 87—88
- · 1977 *Carychium (Saraphia) sandbergeri* HANDMANN - STRAUCH, 167, Taf. 16, Fig. 36 bis 38
- · 1978 *Carychium (Saraphia) sandbergeri* HANDMANN - SCHLICKUM, 248, Abb. 1
- · 1978 *Carychium (Saraphia) geisserti* SCHLICKUM u. STRAUCH n. sp. — SCHLICKUM u. STRAUCH (in SCHLICKUM), 249, Taf. 8, Fig. 7, Abb. 2

Typen: Ehemals in der Staatssammlung für Paläontologie und Historische Geologie in München. Im Zweiten Weltkrieg durch Bombenangriffe der Alliierten zerstört.

Material: GA: *Pupa Berthae* HALAVATS — Holotypus aus Öcs; TO: Hunderte Exemplare aus Leobersdorf (Ziegelei Polsterer, Sandgrube und Schottergrube); PA: 2 Exemplare vom Richardshof, 18 Exemplare aus Königsberg; LU: fast 100 Exemplare aus Leobersdorf (Ziegelei), fast 100 Exemplare vom Eichkogel, etwa 200 Exemplare aus Velm.

Diagnose: Äußerst variabel. 1 Spindelzahn, 1 Parietalzahn, manchmal ein weiterer undeutlicher Parietalzahn, 1 Palatalzahn. Gedrungen bis sehr schlank. Anwachsstreifen bis schwache Axialberippung. Columellarfalte oberhalb der Mündung stark verbreitert und nach links ausgezogen. Parietalfalte ebenfalls stark ausgezogen und fast die Gehäuseinnenwand berührend.

Beschreibung: H = 1,73—2,10 mm; B = 0,8—1,17 mm. Schlank bis gedrungen. Apex stumpf, Flanken konvex. Etwa fünf ziemlich bis stark konvexe Umgänge mit deutlicher Anwachsstreifung oder feiner Berippung. Naht tief eingesenkt, Nabel geritzt. Mundrand stark verdickt und umgeschlagen, parietal verbunden. Je ein deutlicher Columellar-, Parietal- und Palatalzahn, manchmal ein zusätzlicher undeutlicher Parietalhöcker. Columellarapparat: Parietal- und Columellarlamelle sind stark verbreitert und am Rand rundlich verdickt. Die Parietallamelle ist im zweiten Viertel des letzten Umganges stark nach oben ausgebuchtet und lappig ausgezogen. Die Columellarlamelle ist deutlich nach oben gewellt. Der absteigende Teil beider Ausbuchtungen fällt steil, manchmal fast senkrecht ab. Im allgemeinen sind die Undulationen um so weiter nach apertural verschoben, je gedrungener das jeweilige Exemplar ist. Die Columellarundulation kann fast die Gehäusewand erreichen. Manchesmal finden sich auch ziemlich schlanke Exemplare, deren Undulationen deutlich apikal verschoben sind.

Bemerkungen: Die verschiedenen Ausbildungsarten dieser Form wurden unter verschiedenen Namen bekannt. Die schlanke, eher glatte Form wird meist als *Carychium sandbergeri* bezeichnet, die gedrungene, schwach berippte hingegen als *Carychiopsis berthae*. Eine etwa in der Mitte zwischen diesen beiden liegende Form wurde jüngst als *Carychium geisserti* neu beschrieben. Tatsächlich überschneiden sich die „typischen" Merkmale dieser „Arten" derart, daß an eine artliche Trennung nicht zu denken ist.

Bemerkenswert ist die Tatsache, daß mit der Höhe des stratigraphischen Niveaus der *Sandbergeri*-Typ zugunsten des *Berthae*-Typs zurückgeht.

Beziehungen: Die Typuslokalität ist Hauterive (Pliozän) in Südfrankreich. Die dort angetroffenen Exemplare sind im Durchschnitt gedrungener als die des Wiener Beckens. Das entspricht der auch im Wiener Becken festgestellten Tendenz einer Zunahme des *Berthae*-Typs. Im Pliozän ist praktisch nur noch dieser Typ vorhanden.

In Celleneuve finden sich häufiger Exemplare mit einem zweiten Parietalhöcker (STRAUCH, 1977: 164).

Auch STRAUCH (1977: 164) erwähnt, daß der äußere Habitus dem von *Carychium (Carychiopsis) berthae* entspricht. Er bildet allerdings ein Exemplar vom Eichkogel ab, das einen stark von *pachychilus* abweichenden Columellarapparat aufweist (Taf. 18, Fig. 5). Bei diesem Exemplar sind die Lamellen wohl verdickt, aber kaum verbreitert und nur schwach gewellt. Ein ähnliches, aber in der Form nicht dem Habitus von *berthae* entsprechendes Exemplar wurde auch von mir gefunden, und es scheint, als würde es im Columellarapparat bei *pachychilus* Übergänge vom *Carychiopsis*- zum *Saraphia*-Typ geben. Diese Formen sind jedoch selten und für die Art sehr unrepräsentativ.

Die Merkmale überschneiden sich wie folgt:

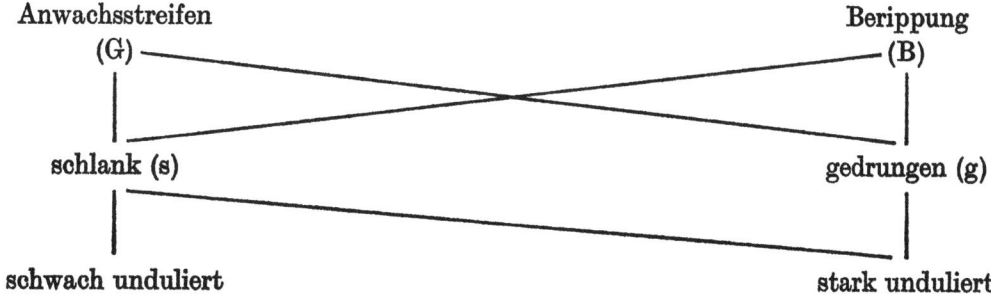

Bezüglich der Häufigkeit der Merkmale G, B, s, g ergab eine Auszählung an 100 Exemplaren vom Eichkogel folgende Werte:

B: 75%, G: 25%, s: 47%, g: 53%

B und g: 45%, B und s: 30%, G und s: 17%, G und g: 8%

Diese Auszählung belegt die Merkmalsüberschneidung und somit die Zusammengehörigkeit der verschiedenen Formtypen.

Carychium (Saraphia) pseudotetrodon STRAUCH (1977) hat stärker undulierte Lamellen und ist wahrscheinlich ein Nachfahre von *pachychilus*, und zwar wahrscheinlich von der schlanken Form. *Carychium (Saraphia) nouleti* BOURGUIGNAT hat geringer gewellte Lamellen, ist kleiner und wahrscheinlich der Vorläufer von *pachychilus*. Sonst kommen keine stratigraphisch nahestehenden Arten als Verwandte in Betracht.

Vorkommen: Sarmat: Wiener Becken; Pannon B/C: Leobersdorf (Sand- und Schottergrube); Pannon D: Leobersdorf (Ziegelei): Pannon E: Vösendorf; Pannon: Rudabanya (Ungarn); Pont G/H: Velm; Pont H: Eichkogel, Richardshof; Pont: Ungarn (z. B. Öcs).

Ökologie: Hh. An sehr feuchten bis nassen Uferstandorten.

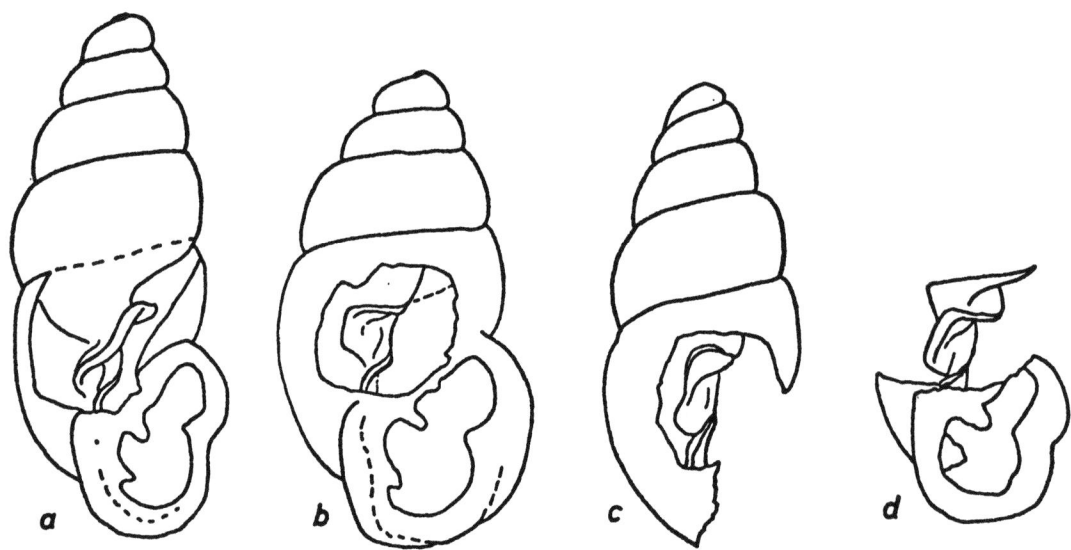

Abb. 1. *Carychium (Saraphia) pachychilus* SANDBERGER, Columellarapparat.
a) Pannon D, Leobersdorf, Ziegelei; b) und c) Pont H, Eichkogel; d) Pont G/H, Velm.
a) und c) Langgestreckter *Sandbergeri*-Typ; b) und d) Breitwüchsiger *Berthae*-Typ.

Ordnung: **STYLOMMATOPHORA**
Unterordnung: **ORTHURETHRA**
Oberfamilie: Pupillacea (siehe Erklärung der Mündungsarmatur auf Abb. 2)
Familie: Cochlicopidae
Unterfamilie: Cochlicopinae
Gattung: *Cochlicopa* RISSO, 1826

Cochlicopa subrimata loxostoma (KLEIN)
Taf. 1, Fig. 4

* 1853 *Achatina loxostoma* mihi — KLEIN, 214, Taf. 5, Fig. 12
 1920 *Cochlicopa subrimata loxostoma* KLEIN - GOTTSCHICK, 63
 1928 *Cochlicopa subrimata loxostoma* (KLEIN) - WENZ, 7
 1954 *Cochlicopa subrimata loxostoma* (KLEIN) - PAPP u. THENIUS, 21, Taf. 4, Fig. 7 a—c

Typus: Holotypus: Naturkundemuseum Stuttgart.

Material: PA: 5, teilweise beschädigte Exemplare aus Leobersdorf (Ziegelei); NHM (Slg. PAPP): 1 Exemplar aus Vösendorf.

Diagnose: Zahnlos, schlank, rasch an Höhe zunehmende Umgänge.

Beschreibung: H = etwa 4,8 mm; B = etwa 2,2 mm. Länglich oval, schlank. Apex stumpf gerundet. Etwa 5½ fast flache, rasch an Höhe zunehmende Umgänge. Nur mit sehr schwachen Anwachsstreifen verziert, fast glatt, glänzend. Die ersten beiden Umgänge tragen äußerst feine Spiralrillen. Naht seicht. Nabel sehr eng geritzt. Mündung schief birnförmig mit ausgeprägtem Sinulus. Mundrand verdickt. Oberer Mundrand und Spindelrand durch eine starke Parietalschwiele verbunden. Spindel gerade. Zahnlos.

Beziehungen: Die typische Unterart aus Hohenemmingen und Mörsingen (unteres Obermiozän) ist schlanker. Noch schlanker ist *Cochlicopa subrimata procera* (GOTTSCHICK), deren Apex spitzer zuläuft. Letztere ist noch schlanker als die rezente und pleistozäne *Cochlicopa lubrica* (O. F. MÜLLER), die jedoch stärker gewölbte Umgänge hat.

Vorkommen: Sarmat: Steinheim; Pannon D: Leobersdorf (Ziegelei); Pannon E: Vösendorf.

Ökologie: Unbekannt. Die rezenten Arten der Gattung haben sehr unterschiedliche Ansprüche.

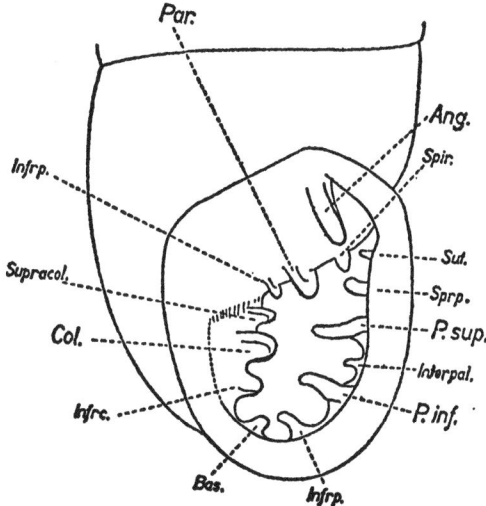

Abb. 2. Mündungsarmatur bei Pupillacea (nach V. LOZEK, 1964b): Ang. — Angularis, Spir. — Spiralis, Par. — Parietalis, Infrp. Infraprietalis, Supracol. — Supracolumellaris, Sut. — Suturalis, Sprp. — Suprapalatalis, P. sup. — Palatalis superior (obere Palatalfalte), Interpal. — Interpalatalis, P. inf. — Palatalis inferior (untere Palatalfalte), Infr. p. — Infrapalatalis, Bas. — Basalis

Gattung: *Azeca* LEACH (in TURTON), 1828

Azeca tridentiformis austriaca n. ssp.
Taf. 1, Fig. 1a—b, 2, 3a—b

1967 *Azeca tridentiformis tridentiformis* (GOTTSCHICK) - SCHÜTT, 204

Ableitung des Namens: Vom Auftreten in Österreich.

Typisches Vorkommen: Velm, Pont G/H.

Typen: Holotypus: NHM (Molluskenabteilung, Inv.-Nr. 81.223), Paratypen: NHM (Molluskenabteilung, Inv.-Nr. 81.224), Paratypen: LU.

Material: TO: 5 Exemplare aus Leobersdorf (Ziegelei), 2 fragliche Exemplare aus Leobersdorf (Schottergrube); LU: 2 komplette und zahlreiche beschädigte Exemplare aus Velm; NHM: Holotypus und 2 Paratypen.

Diagnose: Ziemlich schlanke, kleine Unterart von *tridentiformis* mit meist reduziertem zweiten Parietalzahn. Unterer Palatalhöcker fehlt meist.

Beschreibung: H = etwa 4,9 mm; B = etwa 2,1 mm. Länglich eiförmig. Meist etwa 6¼ glatte, glänzende, kaum gewölbte Umgänge, von denen der letzte etwa die Höhe der Spira erreicht. Die Naht ist seicht. Bei sehr gut erhaltenen Exemplaren lassen sich gelegentlich unter der Naht sehr schwache Runzelungen erkennen. Anwachslinien sind kaum festzustellen. Angedeutet geritzt genabelt. Mündung halbeiförmig, nach oben spitz zulaufend, einen Sinulus bildend. Der äußere Mundrand ist oberhalb des äußeren Palatalzahnes nach hinten gebogen und kaum verdickt. Ab dem äußeren Palatalzahn wird der Mundrand wulstig und verläuft, über die Spindel umgeschlagen, bis zu dem S-förmig geschwungenen Parietalwulst, der die Mundränder nahezu ganz verbindet, unmittelbar vor dem Ansatz des oberen Mundrandes aber plötzlich aussetzt. Mündungsarmatur: Ein kräftiger Basalzahn an der Grenze zwischen Außen- und Spindelrand, ein kräftiger äußerer Palatalzahn etwa in der Mitte des äußeren Mundrandes, dahinter schräg unterhalb ein meist reduzierter weiterer Palatalzahn. Tief im Inneren befinden sich noch zwei weitere Gaumenzäune (beim Einblick in die Mündung gerade noch sichtbar), von denen der obere meist kleiner, der untere manchmal nach hinten unten schräg verlängert ist. Die kräftige, leicht zum Außenrand geneigte Parietallamelle ist durch eine Einkerbung kurz hinter der Mündung in einen vorderen und einen hinteren Teil geteilt. Ihr steht rechts ein (meist völlig reduzierter) weiterer Parietalzahn zur Seite. Die Columellarlamelle ist kräftig und steht sehr steil.

Beziehungen: Die aus dem Sarmat von Steinheim bekannte *Azeca tridentiformis* (GOTTSCHICK, 1911: 507, Abb. 1) stimmt in allen Merkmalen mit unserer Form überein; jedoch erweist sich das an fast allen Exemplaren festgestellte Fehlen des zweiten Parietalzahnes und des unteren Palatalzahnes als lokal konstantes Merkmal. Es wurde auch schon von SCHÜTT (1967) an Stücken von Hollabrunn (Sarmat) festgestellt. Man muß also für *austriaca* n. ssp. eine Abspaltung als lokale, im niederösterreichischen Raum auftretende Rasse annehmen. Sehr nahe steht wahrscheinlich auch die rezente *Azeca menkeana* (C. PFEIFFER), die in der Bezahnung *tridentiformis tridentiformis* entspricht, jedoch größer und breiter ist (H = 5,5—6,5 mm). Nimmt man als Vorläufer von *menkeana* und *tridentiformis austriaca* die Art *Azeca tridentiformis tridentiformis* an, so ging die Entwicklung von *tridentiformis tridentiformis* nach *menkeana* sicher nicht über *tridentiformis austriaca*, weil bei *menkeana* von einer Tendenz zur Reduktion der Parietal- und Palatalzähne nichts feststellbar ist.

Vorkommen: Untersarmat: Hollabrunn; Pannon D: Leobersdorf (Ziegelei); Pont G/H: Velm.

Ökologie: W. Unter Fallaub in mittelfeuchten Gebüschen und im Wald.

Familie:	Vertiginidae
Unterfamilie:	Truncatellinae
Gattung:	*Negulus* O. BOETTGER, 1889

Negulus suturalis gracilis GOTTSCHICK u. WENZ
Taf. 2, Fig. 2a—b

 1907 *Pupa (Isthmia) Villafranciana* SACCO - TROLL, 75
* 1919 *Negulus suturalis gracilis* n. var. — GOTTSCHICK u. WENZ, 9, Taf. 1, Fig. 12—13
 1921 b *Negulus suturalis gracilis* GOTTSCHICK u. WENZ - WENZ, 28
 1923 *Negulus suturalis gracilis* GOTTSCHICK n. WENZ - WENZ, 1027

Typus: Die Sammlung WENZ, in der sich die Typen befanden, wurde im Zweiten Weltkrieg vernichtet.

Material: TO: 3 Bruchstücke vom Eichkogel, 6 Exemplare aus Leobersdorf (Schottergrube), 2 beschädigte Exemplare aus Leobersdorf (Sandgrube).

Diagnose: Schlank, Umgänge sehr stark gewölbt, fadenförmige Axialrippen.

Beschreibung: H = 1,7—1,95 mm; B = 0,8—0,9 mm. Zylindrisch, etwas nach oben verjüngend. Apex stumpf. Protoconch etwa 1½ Umgänge, glatt. 4¼ bis 4½ sehr stark gewölbte, durch eine stark vertiefte Naht getrennte, mit fadenförmigen, etwas schiefen

Rippen versehene, rasch anwachsende Umgänge. Rippen meist in relativ weiten, unregelmäßigen Abständen, dazwischen sehr feine Sekundärrippchen oder Streifen. Geritzt durchbohrt, genabelt. Mündung eiförmig, angedeutet rechteckig, wenig ausgeschnitten. Mundsaum scharf, wenig aufgebogen, an der Biegestelle mäßig verdickt. Mundränder meist nicht zusammenhängend, manchmal jedoch dünne Parietalschwiele erkennbar. Ungezahnt.

Beziehungen: Diese Unterart ist dadurch gekennzeichnet, daß sie kleiner und schlanker ist als *Negulus suturalis suturalis* (SANDBERGER) aus den Mainzer Hydrobienschichten. Die pannonischen und pontischen Exemplare aus dem Wiener Becken sind größer als *suturalis gracilis* aus der Typlokalität Steinheim, jedoch kleiner und schlanker als *suturalis suturalis*, die eine weitverbreitete Form des unteren Miozäns ist (geht bis unteres Obermiozän). Wieweit *Negulus villafranchianus* (SACCO) (Oberpliozän von Tassarolo im Piemont) und *Negulus bleicheri* (PALADHILE) aus dem Mittelpliozän von Montpellier und möglicherweise dem Pliozän von Hauterive (GOTTSCHICK und WENZ, 1919: 10) mit dieser Form verwandt sind, konnte ich mangels Vergleichsmaterials nicht feststellen. *Negulus truci* (SCHLICKUM, 1975: 53, Taf. 4, Fig. 19) aus den pliozänen Deckschichten der niederrheinischen Braunkohle ist schlanker, die Umgänge sind weniger gewölbt, die Mündung höher und schmäler. Wahrscheinlich handelt es sich um einen Nachfahren von *Negulus gracilis*.

Vorkommen: Sarmat: Steinheim, Hollabrunn; Pannon B/C: Leobersdorf (Sand- und Schottergrube); Pont H: Eichkogel.

Gattung: *Truncatellina* R. T. LOWE, 1852

Truncatellina strobeli suprapontica WENZ und EDLAUER
Taf. 2, Fig. 1

    1934 *Truncatellina cylindrica* FER. - SOOS, 196
*v 1942 *Truncatellina suprapontica* n. sp. — WENZ u. EDLAUER, 88, Taf. 4, Fig. 8
 v 1959 *Truncatellina cylindrica* (FER.) - BARTHA, Beilagetafel 8
· 1979a *Truncatellina suprapontica* WENZ u. EDLAUER - SCHLICKUM, 407, Taf. 23, Fig. 2

Typus: Holotypus: ED (fraglich).
Material: ED: 2 Exemplare vom Eichkogel det. WENZ (darunter fraglicher Holotyp); GA: 9 Exemplare aus Öcs; TO: 1 Exemplar aus Leobersdorf (Schottergrube); LU: 21 Exemplare aus Velm.
Diagnose: Eine unterschiedlich berippte, dreizähnige Form. Palatalzahn ziemlich weit vorne liegend.
Beschreibung: H = 1,85—2,1 mm; B = etwa 0,95 mm. Zylindrisch, Apex stumpf. Protoconch (etwa 1½ Umgänge) glatt. Etwa 6 langsam anwachsende, relativ schmale, stark gewölbte Umgänge. Naht ziemlich tief. Endwindung nur wenig höher als vorletzte Windung. Skulptur: Seltener nur Anwachsstreifen wie beim Holotypus, meist aber an den oberen Umgängen deutliche, nach unten schwächer werdende Rippenstreifen. Verdeckt geritzt genabelt. Mündung gerundet dreieckig. Mundrand scharf, etwas erweitert, die Enden durch eine dünne Parietalschwiele verbunden. Im Inneren drei Zähne: ziemlich kräftiger Parietalzahn, kräftiger, tiefstehender Columellarzahn, der Palatalzahn liegt ziemlich weit vorne.
Beziehungen: Bedauerlicherweise ist der Holotyp, bezogen auf den Durchschnitt dieser Art, atypisch. Er markiert das fast glatte Extrem einer Übergangsreihe bis hin zu berippten Formen, wobei gerade das glatte Extrem selten ist. Dennoch kann aufgrund

der charakteristischen Stellung des Palatalzahnes und der anderen Merkmale eine Bestimmung erreicht werden. Die Exemplare aus Leobersdorf und aus Velm sind meist etwas kleiner und dünnschaliger. WENZ und EDLAUER geben selbst den Fund stärker gestreifter Exemplare vom Eichkogel an, lassen die Frage der Zugehörigkeit zu *suprapontica* jedoch offen. Auch bei der aus dem Sarmat von Steinheim beschriebenen *Truncatellina lentilii* (GOTTSCHICK u. WENZ, 1919: 10, Taf. 1, Fig. 14—17) lassen sich alle Übergänge von fast glatten bis deutlich rippenstreifigen Stücken feststellen, so daß dieses Merkmal wenig über die Zugehörigkeit einer Art aussagen kann. Die von WENZ bestimmten Exemplare stimmen jedenfalls mit den Velmer Stücken genau überein. *Truncatellina lentilii* unterscheidet sich nur durch den etwas weiter innen liegenden Palatalzahn und ist wohl der Vorläufer von *suprapontica*. Die sehr ähnliche *Truncatellina splendidula* (SANDBERGER, 1875: 397) aus dem Oberoligozän von Hochheim und dem Eggenburgium (Untermiozän) von Tuchorschitz unterscheidet sich von *suprapontica* durch den randständigen Spindelzahn. Die sich wahrscheinlich von *suprapontica* ableitende *strobeli strobeli* (GREDLER) (Pleistozän, rezent) weist auch im unteren Teil der Schale noch deutliche Rippenstreifen auf. Die anderen Merkmale sind praktisch identisch. Daher meine ich, daß *strobeli* und *suprapontica* nur unterartlich zu trennen sind.

Vorkommen: Pannon B/C: Leobersdorf (Schottergrube); Pont G/H: Velm; Pont H: Eichkogel; Pont: Öcs (Ungarn).

Ökologie: Oxf. An offenen, teilweise felsigen, trockenen Standorten.

Unterfamilie: Vertigininae
Gattung: *Vertigo* O. F. MÜLLER, 1774
Untergattung: *Vertigo* s. str.

Vertigo (Vertigo) callosa (REUSS)
Taf. 2, Fig. 3—5

* 1852   *Pupa callosa* m. — REUSS, 30, Taf. 3, Fig. 7
· 1919   *Vertigo (Alea) callosa* (REUSS) - GOTTSCHICK u. WENZ, 13, Taf. 1, Fig. 26—34
  1923   *Vertigo (Vertigo) callosa* (REUSS) - WENZ, 983
  1942   *Vertigo (Vertigo) callosa callosa* (REUSS) - WENZ u. EDLAUER, 89
· 1959   *Vertigo callosa* REUSS - BARTHA, 79, Taf. 15, Fig. 8, 13

Typus: Verbleib ungeklärt, wahrscheinlich in unbekannter Privatsammlung.

Material: TO: Über 100 Exemplare vom Eichkogel; GA: zahlreiche aus Öcs, 5 aus Varpalota, 2 aus Tab.

Diagnose: Eiförmig, gedrungen, ziemlich kräftig bezahnt, äußerer Mundrand eingebogen, glänzend.

Beschreibung: H = 1,6—2 mm; B = 1,2—1,4 mm. Annähernd eiförmig, gedrungen. Etwa 5 mäßig gewölbte Umgänge. Feine gedrängte Anwachsstreifung. Naht eingesenkt. Nabel eng, geritzt. Starker Nackenwulst. Mündung annähernd halbkreisförmig, am Außenrand etwas eingebuchtet. Mundsaum außen scharf, nach innen jedoch stark kallös werdend, wenig bis mäßig erweitert. Eine deutliche Parietalschwiele verbindet den äußeren Mundrand mit dem Spindelrand. Bezahnung nicht randständig. Angularis und Parietalis ungefähr gleich ausgebildet, beide deutlich. Columellaris kurz, zapfenförmig. 0 bis 2 wenig starke Basalzähne. Zwei sehr kräftige Palatalzähne, deren unterer der stärkste ist. Manchmal ein zusätzlicher oberster, sehr kleiner Palatalzahn.

Beziehungen: Die Variabilität dieser Art — besonders in der Bezahnung — ist sehr groß. GOTTSCHICK u. WENZ (1919: 14—17) nannten eine ganze Reihe von „Unterarten", die rein morphologisch auf die unterschiedliche Ausbildung der Mündungsbewehrung begründet wurden. Nahe verwandt ist unsere rezente und pleistozäne *Vertigo (Vertigo) antivertigo* (DRAPARNAUD), die bis zu 12 Zähnchen besitzen kann und meist ein wenig größer und schlanker ist.

Vorkommen: Oberoligozän: Hochheim; Untermiozän: Tuchorschitz; Sarmat: Steinheim; Pont H: Eichkogel; Pont: Ungarn: Öcs, Varpalota, Tab.

Ökologie: ? Hh.

Vertigo (Vertigo) ovatula trolli WENZ
Taf. 2, Fig. 6a—b, 7

* 1914 *Vertigo trolli* n. sp. — WENZ, 102, Taf. 7, Fig. 27
1921b *Vertigo (Vertigo) ovatula trolli* WENZ - WENZ, 28
1923 *Vertigo (Vertigo) ovatula trolli* WENZ - WENZ, 1000

Typus: Befand sich in der Sammlung WENZ, die im Zweiten Weltkrieg vernichtet wurde.

Material: TO: 7 Stücke aus Leobersdorf (Ziegelei).

Diagnose: Rechtsgewunden, Columellaris in einem Knick nach unten abbiegend, feine Rippenstreifung.

Beschreibung: H = etwa 1,5 mm; B = etwa 0,9 mm. Eikegelig, Apex stumpf. Embryonalwindungen glatt. 4½ bis 5 mäßig gewölbte, durch eine deutliche Naht getrennte Umgänge. Feine Rippenstreifung. Nabel ziemlich eng, stichförmig. Mündung asymmetrisch herzförmig. Äußerer Mundrand etwas nach innen gebogen. Mundrand wenig erweitert, innen stark belippt. Vor der Mündung Ringwulst. Angularis randständig und ziemlich kräftig. Parietalis stärker als Angularis, lamellenförmig, tief in das Innere reichend. Columellaris stark, winkelig abwärts gebogen. Basalzahn klein, unterer Palatalzahn sehr stark und kantig. Oberer etwas schwächer, kantig. Gelegentlich noch ein schwacher Suprapalatalzahn.

Beziehungen: Die sehr dürftige Beschreibung der *Pupa ovatula* SANDBERGER (1875: 400) erlaubt keinen Vergleich mit dieser Form. Deswegen kann ich auch nicht entscheiden, ob es sich bei *trolli* tatsächlich um eine Unterart von *ovatula* handelt, wie WENZ (1921b: 28) behauptet. Von *Vertigo callosa* ist die Form schon durch ihre geringere Größe und die relativ schlanke Gestalt deutlich unterschieden. Unter den rezenten und pleistozänen Vertigininae steht *Vertigo (Vertigo) substriata* (JEFFREYS, 1830) am nächsten. Bei dieser ist jedoch die Bezahnung schwächer, und die Palatalzähne sind nicht kantig.

Vorkommen: Unteres Obermiozän: Oppeln; Pannon D: Leobersdorf (Ziegelei).

Vertigo (Vertigo) protracta suevica GOTTSCHICK u. WENZ
Taf. 2, Fig. 14—15

*· 1919 *Vertigo (Alea) protracta suevica* n. var. — GOTTSCHICK u. WENZ, 21, Taf. 1, Fig. 40—41
1923 *Vertigo (Vertigo) protracta suevica* GOTTSCHICK u. WENZ - WENZ, 1001
1942 *Vertigo (Vertigo) protracta suevica* GOTTSCHICK u. WENZ - WENZ u. EDLAUER, 89

Typus: Ehemals vermutlich in der Sammlung WENZ, die im Zweiten Weltkrieg vernichtet wurde.

Material: ED: 2 Exemplare vom Eichkogel, 3 aus Steinheim.

Diagnose: Mäßig kräftige, nicht randständige Bezahnung. 5—6 Zähne, angedeutetes Basalzähnchen kann fehlen.

Beschreibung: H = etwa 1,7 mm; B = etwa 1,0 mm. Eiförmig. Apex stumpf. Fünf oben mehr, unten mäßig gewölbte Umgänge. Schwach anwachsgestreift, sonst glatt. Letzter Umgang nach unten verengt. Geritzt genabelt. Deutlicher Nackenwulst. Mündung abgestumpft dreieckig bis annähernd herzförmig. Mundrand nicht erweitert, lediglich der Spindelrand etwas aufgebogen. Außenrand scharf, innen wenig verdickt. Parietalschwiele dünn. Bezahnung mäßig kräftig, nicht randständig. Angularlamelle kleiner als der kräftige Parietalzahn. Columellaris leicht aufsteigend und ziemlich kräftig. Zwei unterschiedlich kräftige Palatalzähne, leistenförmig, unterer kräftiger als oberer. Es kann noch ein angedeuteter Basalzahn hinzukommen.

Beziehungen: Die im Oberoligozän von Hochheim vorkommende typische Unterart besitzt kein Basalzähnchen, ist etwas schlanker, und der Angularzahn ist kaum schwächer als der Parietalzahn. *Vertigo protracta* (SANDBERGER, 1875: 400) ist sehr ungenau beschrieben und nicht abgebildet, so daß eine Bestimmung sehr erschwert ist. *Vertigo callosa* (REUSS) ist wesentlich rundlicher und stärker bezahnt.

Vorkommen: Sarmat: Steinheim; Pont H: Eichkogel.

Vertigo (Vertigo) pusilla moedlingensis WENZ u. EDLAUER

*· 1942   *Vertigo (Vertigo) pusilla moedlingensis* n. subsp. — WENZ u. EDLAUER, 89, Taf. 4, Fig. 9

Typus: Nicht auffindbar. WENZ u. EDLAUER (1942: 90) lagen nur zwei Exemplare vor. Nach ihrer Angabe sollte sich der Holotypus in der ED befinden. Dort befindet sich, als „Typus" gekennzeichnet, ein Vertiginide, der zweifellos der Abb. WENZ' u. EDLAUERS nicht entspricht. Das zweite, ursprünglich in der Sammlung WENZ befindliche Exemplar ging während des Zweiten Weltkrieges verloren.

Material: Derzeit kein Material vorhanden. Holotyp und Paratyp verloren.

Vorkommen: Aus dem Pont H vom Eichkogel beschrieben.

Bemerkung: Die Bezeichnung *Vertilla pusilla moedlingensis* WENZ u. EDLAUER - PAPP u. THENIUS (1954: 21, Taf. 4, Fig. 4—5) bezieht sich auf *Vertigo (Vertilla) angustior oecsensis* (HALAVATS).

Subgenus: *Vertilla* MOQUIN-TANDON, 1855

Vertigo (Vertilla) angustior oecsensis (HALAVATS)
Taf. 2, Fig. 8a—b, 9

*v· 1911   *Pupa oecsensis* n. sp. — HALAVATS, 60, Taf. 3, Fig. 10
    1923   *Vertigo (Vertilla) angustior oecsensis* (HALAVATS) - WENZ, 1007
    1942   *Vertigo (Vertilla) angustior oecsensis* (HALAVATS) - WENZ u. EDLAUER, 90, Taf. 4, Fig. 10
· 1959   *Vertigo angustior oecsensis* HALAVATS - BARTHA, 79, Taf. 15, Fig. 9—10

Typus: Holotypus: GA: Nr. Pl 160.

Material: TO: 33 Exemplare vom Eichkogel, 1 aus Varpalota, 2 vom Richardshof; NHM (Sammlung PAPP): 1 Exemplar aus Vösendorf; GA: 11 aus Varpalota und 15 aus Öcs; LU: 2 vom Föllig, 3 aus Leobersdorf (Ziegelei), eines aus Velm, 4 vom Eichkogel.

Diagnose: Columellaris sehr stark aufsteigend, Palatalis meist mit zwei hintereinanderliegenden zipfelförmigen Erhebungen. Feine Rippenstreifung. Linksgewunden.

Beschreibung: H = etwa 1,45 mm; B = etwa 0,75 mm. Eiförmig Apex stumpf. Etwa 5 mäßig gewölbte, fein rippenstreifige Umgänge. Naht relativ tief. Letzter Umgang verschmälert. Nabel sehr eng, geritzt. Mündung annähernd schief halbkreisförmig. Mundrand wenig erweitert, außen scharf, innen jedoch belippt. Parietalschwiele ziemlich stark. Der äußere Mundrand ist deutlich nach innen gebogen. Angularis und Parietalis etwa gleichdeutlich. Angularis jedoch kurz, Parietalis weit ins Innere reichend. Columellarlamelle steil nach oben verlaufend. Die starke Palatallamelle setzt sich weit ins Innere fort. Von außen ist sie durch eine starke Nackenfurche erkennbar. Sie zeigt zwei zipfelartige Erhebungen. Dies und der Umstand, daß die hintere Erhebung, ohne in die vordere überzugehen, nach vorne auslaufen kann (bei einem Exemplar festgestellt), beweist, daß die Palatalis wohl ein Verschmelzungsprodukt einer oberen und einer unteren Palatallamelle darstellt. Ein Stück zeigt überhaupt nur eine Erhebung der Palatallamelle. Alle Zähne und Lamellen sind nicht randständig. Die Exemplare aus dem Pannon sind etwas stärker gerippt als die aus dem Pont.

Beziehungen: Die typische Unterart ist etwas stärker gerippt und größer.

Vorkommen: Sarmat: Wiener Becken; Pannon D: Leobersdorf (Ziegelei); Pannon E: Vösendorf; Pont G/H: Velm; Pont H: Richardshof, Eichkogel; Pont: Öcs, Varpalota.

Ökologie: H. Meist auf feuchten Wiesen.

Familie:	Chondrinidae
Unterfamilie:	Gastrocoptinae
Gattung:	*Gastrocopta* WOLLASTON, 1878
Untergattung:	*Albinula* STERKI, 1892

Gastrocopta (Albinula) acuminata acuminata (KLEIN)
Taf. 2, Fig. 10

* 1846 *Pupa acuminata* m. — KLEIN, 75, Taf. 1, Fig. 19a—b
· 1853 *Pupa quadridentata* m. — KLEIN, 216, Taf. 5, Fig. 13
  1875 *Pupa (Leucochila) quadridentata* KLEIN - SANDBERGER, 599
  1919 *Leucochila quadridentata* (KLEIN) - GOTTSCHICK u. WENZ, 11
  1919 *Leucochila acuminata procera* GOTTSCHICK u. WENZ - GOTTSCHICK u. WENZ, 11, Taf. 1, Fig. 18—19
  1920 *Leucochilus acuminatum* (KLEIN) - WENZ, 113
  1921b *Leucochilus acuminatum* (KLEIN) - WENZ, 31
  1923 *Gastrocopta (Albinula) acuminata acuminata* (KLEIN) - WENZ, 916
  1954 *Gastrocopta (Albinula)* cf. *acuminata* (KLEIN) - PAPP u. THENIUS, 21
· 1959 *Gastrocopta (Albinula) acuminata acuminata* (KLEIN) - BARTHA, 80, Taf. 15, Fig. 6
· 1976 *Gastrocopta (Albinula) acuminata acuminata* (KLEIN) - SCHLICKUM, 10, Taf. 2, Fig. 26

Typus: Holotypus: Naturkundemuseum Stuttgart.

Material: TO: Zahlreiche Exemplare vom Eichkogel, 19 aus Leobersdorf (Ziegelei); GA: 6 aus Öcs; LU: zahlreiche vom Eichkogel und aus Velm.

Diagnose: Sehr starke zweizipfelige Angulo-Parietallamelle, starke Columellaris, 2 starke Palatalzähne, Basalzahn deutlich, keine Infrapalatalis.

Beschreibung: $H = 2,1—3$ mm; $B = 1,35—1,8$ mm. Kegelig-eiförmig. $4\frac{3}{4}$ bis $5\frac{1}{4}$ mäßig gewölbte, mit sehr feinen Anwachsstreifen versehene, durch eine tiefe Naht getrennte Umgänge. Letzter Umgang basalwärts etwas verschmälert. Geritzt genabelt. Deutlicher Nackenwulst. Mündung rundlich. Mundsaum scharf. Mundrand stark erweitert, Parietalschwiele kräftig. Innenlippe deutlich mit folgender Mündungsarmatur: Angularlamelle und Parietallamelle vereinigt, beide Zipfel nach dem Außenrand gebogen und kräftig. Infrapalatalis fehlend, Basalzahn niedrig und breit, immer vorhanden. 2 kräftige Palatalzähne, der obere schwächer. Der Basalzahn kann mehr oder weniger quergestellt sein. In Velm kommen extrem große Exemplare vor (bis 3 mm Höhe).

Beziehungen: Siehe *Gastrocopta acuminata larteti* (DUPUY).

Vorkommen: Badenium: Vöslau; Obermiozän (Silvanaschichten): Praktisch alle Fundorte; Obermiozän: Krems-Stein; Sarmat: Steinheim; Pannon D: Leobersdorf (Ziegelei); Pannon E: Vösendorf; Pont G/H: Velm; Pont H: Eichkogel; Pont: Ungarn: z. B. Öcs.

Gastrocopta (Albinula) acuminata larteti (DUPUY)
Taf. 2, Fig. 11

* 1850   *Pupa Larteti* — DUPUY, 307, Taf. 15, Fig. 5
· 1875   *Pupa (Leucochila) Larteti* DUPUY - SANDBERGER, 548, Taf. 29, Fig. 21
· 1919   *Leucochila acuminata larteti* (DUPUY) - GOTTSCHICK u. WENZ, 11, Taf. 1, Fig. 20—21
  1923   *Gastrocopta (Albinula) acuminata larteti* (DUPUY) - WENZ, 919
· 1942   *Gastrocopta (Albinula) acuminata larteti* (DUPUY) - WENZ u. EDLAUER, 91, Taf. 4, Fig. 11
· 1959   *Gastrocopta acuminata larteti* (DUPUY) - BARTHA, 79, Taf. 15, Fig. 1
· 1979a *Gastrocopta (Albinula) larteti* (DUPUY) - SCHLICKUM, 408, Taf. 23, Fig. 3

Typus: Verschollen.

Material: TO: 5 Exemplare vom Eichkogel; GA: 8 aus Öcs und eines aus Varpalota.

Diagnose: Diese seltenere Unterart hat ein kugeliges, viel breiteres Gehäuse als die typische Unterart. Der Basalzahn ist meist nur angedeutet.

Beziehungen: Bei *Gastrocopta acuminata procera* (GOTTSCHICK u. WENZ, 1919) erscheinen mir die Unterschiede zur typischen Unterart zur Aufstellung einer eigenen Unterart zu gering (länglicheres Gehäuse). Auch im Pannon und Pont des Wiener Beckens finden sich solche Gehäuse. Diese lassen sich aber oft kaum von der typischen Unterart unterscheiden, weshalb ich sie zu dieser ziehe.

Vorkommen: Unteres Obermiozän: Sansan (Locus typicus); Obermiozän: Krems-Stein; Sarmat: Rakosd (Ungarn); Pont H: Eichkogel; Pont: Ungarn: Öcs, Varpalota.

Gastrocopta (Albinula) edlaueri (WENZ)
Taf. 2, Fig. 12

*v 1921b *Leucochilus edlaueri* n. sp. — WENZ, 30
   1923 *Gastrocopta (Albinula) edlaueri* (WENZ) - WENZ, 922
   1928 *Gastrocopta (Albinula) edlaueri* (WENZ) - WENZ, 6

Typus: Wahrscheinlich eines der 2 Exemplare von der Typlokalität in der ED.

Material: ED: 2 Exemplare aus Leobersdorf (Schottergrube) (? Holotypus), 22 aus Oberdorf bei Wies (Steiermark); TO: 8 Exemplare aus Leobersdorf (Schottergrube), 3 aus Leobersdorf (Sandgrube); LU: 4 aus Leobersdorf (Ziegelei).

Diagnose: Eikegelig, rippenstreifig, verengte Mündung.

Beschreibung: H = etwa 2,5 mm; B = etwa 1,4 mm. Eikegelig. Etwa 5 deutlich gewölbte Umgänge, fein rippenstreifig, Naht etwas eingesenkt. Nabel sehr eng. Mündung gerundet, schmal dreieckig. Mundrand wenig verdickt, erweitert, zusammenhängend, parietal beinahe leicht abgelöst. Die Mündung ist seitlich zusammengedrückt und erscheint schmal. Kurz vor der Mündung deutlicher Nackenwulst mit Nackenfurche, dem innen der untere Palatalzahn entspricht. Angularlamelle und Parietallamelle verschmolzen, zweizipfelig, beide Zipfel palatalwärts verbogen. Columellaris sehr tief. Unterer Palatalzahn kräftig, hakenförmig nach rechts gebogen. Oberer Palatalzahn klein und zapfenförmig. Anstelle des Basalzahnes eine schwache Wölbung, die auch von außen als Eindruck sichtbar ist.

Beziehungen: Wie WENZ (1921b: 31) betont, läßt sich diese Form an keine bekannte *Albinula* anschließen. Am nächsten steht noch *Gastrocopta acuminata*. Diese ist jedoch glatt, ihr Palatalzahn ist mehr oder weniger gerade und die Mündung ist nicht verengt.

Vorkommen: Obermiozän: Krems-Stein; Sarmat: Oberdorf bei Wies (Steiermark); Pannon B/C: Leobersdorf (Sand- und Schottergrube); Pannon D: Leobersdorf (Ziegelei, Heilsamer Brunnen).

Untergattung: *Sinalbinula* PILSBRY, 1916

Gastrocopta (Sinalbinula) nouletiana (DUPUY)
Taf. 2, Fig. 16—19, 22

- * 1850 *Pupa nouletiana* — DUPUY, 309, Taf. 15, Fig. 6
- · 1875 *Pupa (Leucochilus) nouletiana* DUPUY - SANDBERGER, 549, Taf. 29, Fig. 22a—b
- 1875 *Pupa gracilidens* SANDB. - SANDBERGER, 600
- 1907 *Pupa (Vertigo) gracilidens* SANDB. - TROLL, 76
- · 1919 *Leucochila nouletiana* (DUPUY) - GOTTSCHICK u. WENZ, 12, Taf. 1, Fig. 22—23
- 1921b *Leucochilus nouletianum* (DUPUY) - WENZ, 30
- 1921b *Leucochilus nouletianum gracilidens* (SANDBERGER) - WENZ, 30
- 1923 *Gastrocopta (Sinalbinula) nouletiana nouletiana* (DUPUY) - WENZ, 930
- 1942 *Gastrocopta (Sinalbinula) nouletiana nouletiana* (DUPUY) - WENZ u. EDLAUER, 91
- 1942 *Gastrocopta (Sinalbinula) nouletiana gracilidens* (SANDBERGER) - WENZ u. EDLAUER, 91
- · 1954 *Gastrocopta (Sinalbinula) nouletiana nouletiana* (DUPUY) - PAPP u. THENIUS, 21, Taf. 4, Fig. 1—2
- · 1959 *Gastrocopta nouletiana* (DUP.) - BARTHA, 79, Taf. 15, Fig. 7
- · 1974 *Gastrocopta (Sinalbinula) nouletiana nouletiana* (DUPUY) - PAPP (in BRESTENSKA), 385, Taf. 17, Fig. 8
- · 1979a *Gastrocopta (Sinalbinula) hartmutnordsiecki* n. sp. — SCHLICKUM, 409, Taf. 23, Fig. 7

Typus: Naturhistorisches Museum Toulouse.

Material: TO: etwa 200 Exemplare vom Eichkogel, etwa 200 aus Leobersdorf (Ziegelei), 13 aus Leobersdorf (Sandgrube); GA: Zahlreiche aus Öcs; LU: 44 aus Velm, 29 vom Eichkogel.

Diagnose: Eiförmig bis kegelig-eiförmig, 6 Zähnchen, gelegentlich ein zusätzlicher Palatalzahn. Mittlerer Palatalzahn gelegentlich gespalten.

Beschreibung: $H = 1{,}85$—$2{,}3$ mm; $B = 1{,}1$—$1{,}4$ mm. Eiförmig bis kegelig-eiförmig. Etwa 5 stark gewölbte, mit feinen, schiefen Anwachsstreifen versehene, durch eine tiefe Naht getrennte Umgänge. Letzter Umgang basalwärts etwas verjüngt. Eng durchbohrt genabelt. Mündung rundlich bis gerundet dreieckig. Mundsaum scharf und erweitert. Innenlippe deutlich mit folgender Mündungsarmatur: Parietalis und Angularis verschmolzen mit zwei auseinanderstrebenden Zipfeln. Infraparietalis klein, aber immer vorhanden. Columellaris deutlich und horizontalstehend. Basalzahn breit und nieder, manchmal mit zwei Erhebungen. Untere Palatalfalte sehr kräftig. Etwas schwächer die mittlere Palatalfalte, die gelegentlich basalwärts einen akzessorischen kleinen Zahn abspaltet.

Obere Palatalfalte klein oder fehlend. Die Velmer Exemplare haben eine relativ wenig kallöse Bezahnung.

Beziehungen: Die Varietät, die eine gespaltene mittlere Palatalfalte ausbildet, wird meist als *Gastrocopta nouletiana gracilidens* bezeichnet, jedoch kommen beide Formen, wie bereits WENZ (1921b: 30) und WENZ u. EDLAUER (1942: 92) feststellen, meist miteinander vor, und ich zweifle nicht, daß sie zusammengehören, zumal ich am Eichkogel alle Übergänge feststellen konnte. SCHLICKUM (1979a) trennt große Formen von *nouletiana* als *Gastrocopta hartmutnordsiecki* ab. Zwischen großen und kleinen Formen liegen jedoch zumindest im Wiener Becken alle Übergänge vor. Weiteres siehe bei *Gastrocopta serotina*.

Vorkommen: Obermiozän: Silvanaschichten: Praktisch alle Fundorte; Obermiozän: Krems-Stein; Sarmat: Steinheim, Hollabrunn; Pannon B/C: Leobersdorf (Sandgrube); Pannon D: Leobersdorf (Ziegelei); Pannon E: Vösendorf; Pannon: Rudabanya (Ungarn); Pont G/H: Velm; Pont H: Eichkogel; Pont: Öcs, Varpalota.

Ökologie: ?m.

Gastrocopta (Sinalbinula) obstructa ferdinandi (ANDREAE)
Taf. 2, Fig. 13

* 1902b *Leucochilus ferdinandi* n. sp. — ANDREAE, 18, Fig. 9
  1923 *Gastrocopta (Sinalbinula) ferdinandi* (ANDREAE) - WENZ, 929

Typen: Roemermuseum Hildesheim? Meine diesbezüglichen Anfragen wurden nicht beantwortet.

Material: TO: 2 Mündungsbruchstücke vom Eichkogel und 2 komplette Exemplare; LU: 2 komplette Exemplare und 2 Mündungsbruchstücke aus Velm, 1 Exemplar aus Götzendorf.

Diagnose: Schlankste *Gastrocopta*-Art im Pannon und Pont des Wiener Beckens. Je 1 Angulo-Parietal-, Spindel- und Basalzahn, 2 Palatalzähne.

Beschreibung: H = etwa 2,25 mm; B = 0,95—1,15 mm. Schlank, mehr oder weniger zylindrisch. Apex stumpfkegelig. Protoconch nicht abgesetzt. Etwa 5½ glatte, nur mit sehr feinen Anwachslinien überzogene, mäßig gewölbte, durch eine relativ tiefe Naht getrennte Umgänge. Nabel schlitzförmig, aber deutlich und tief. Mündung gerundetrhombisch. Mundrand scharf und erweitert, innen etwas verdickt, durch eine kurze Parietalschwiele zusammenhängend. Starker zweizipfeliger Angulo-Parietalzahn, Angularzipfel wenig nach dem Außenrand gebogen. Parietalzipfel gerade oder ganz wenig zur Spindel hin gebogen. Infraparietalis bei einem Exemplar angedeutet. Columellaris stark, Basalzahn nieder, aber ziemlich breit. Unterer Palatalzahn sehr stark, oberer etwas schwächer.

Beziehungen: Die engsten Beziehungen zeigt diese Art zu *Gastrocopta obstructa obstructa* (A. BRAUN) aus den untermiozänen Hydrobienkalken von Wiesbaden. Die typische Unterart ist noch schlanker und hat stärker gewölbte Umgänge. Ihr Nabel ist weniger deutlich. *Gastrocopta obstructa, ferdinandi* und *didymodos* (A. BRAUN) aus den Landschnekkenkalken von Hochheim bilden einen deutlich abgegrenzten Formenkreis, der besonders durch die schlanke Gestalt gekennzeichnet ist. *Gastrocopta didymodos* ist von *obstructa ferdinandi* durch das relativ plumpere Gehäuse und einen häufig auftretenden dritten Palatalzahn unterschieden. Auch ANDREAE (1902: 19) betont die engen Beziehungen dieser Arten.

Vorkommen: Unteres Obermiozän: Oppeln; Pont F: Götzendorf; Pont G/H: Velm; Pont H: Eichkogel.

Gastrocopta (? Sinalbinula) fissidens infrapontica WENZ
Taf. 2, Fig. 20, 21

*v 1927 *Gastrocopta (Sinalbinula) fissidens infrapontica* n. subsp. — WENZ, 47, Taf. 2, Fig. 8
· 1959 *Gastrocopta fissidens infrapontica* WENZ - BARTHA, 79, Taf. 15, Fig. 2
? 1967 *Gastrocopta (Sinalbinula) ferdinandi* (ANDREAE) - SCHÜTT, 207, Abb. 11
  1979a *Gastrocopta (Sinalbinula) fissidens infrapontica* WENZ, Taf. 23, Fig. 6

Typus: Holotypus: ED: Das als Holotypus gekennzeichnete Exemplar ist stark beschädigt, wovon bei der WENZschen Abbildung nichts zu bemerken ist. Es ist demnach zweifelhaft, ob hier der Holotypus vorliegt.

Material: ED: ? Holotypus aus Leobersdorf (Schottergrube), 1 Exemplar aus Vöslau, eines aus Hollabrunn, eines aus Vösendorf, eines vom Eichkogel; GA: 1 Exemplar aus Öcs.

Diagnose: Achtzähnig, relativ schlank, Parietalis und Angularis nahezu völlig getrennt.

Beschreibung: H = etwa 1,8 mm; B = etwa 1,0 mm. Leicht kegelig eiförmig. Etwa 5 stark gewölbte, mit mehr oder weniger deutlichen Anwachsstreifen versehene, sonst glatte, durch eine relativ tiefe Naht getrennte Umgänge. Nabel eng, stichförmig, Mündung rundlich, Mundsaum scharf. Mundrand stark erweitert, zusammenhängend und parietal fast abgelöst, nicht verdickt. Angulare deutlich, randständig, nach palatal gebogen und mit dem obersten Palatalzahn und dem Palatalrand eine kreisrunde Öffnung bildend. Parietalzahn etwas vertieft, gerade bis schwach spindelwärts gebogen, vom Angularzahn fast völlig getrennt. Infraparietalzahn schwach, Columellaris vorne leistenförmig, fast randständig, hinten leicht abwärts gebogen. Basalzahn zapfenförmig, etwas zur Spindel verschoben. Die Stärke der Palatalzähne nimmt von unten nach oben ab. Unterer Palatalzahn sehr kräftig und leistenförmig, mittlerer weniger stark, oberer schwach.

Beziehungen und systematische Einordnung: Die aus dem Oberoligozän von Hochheim-Flörsheim und dem Untermiozän von Budenheim bei Mainz sowie den Hydrobienschichten von Wiesbaden bekannte *Gastrocopta fissidens* (SANDBERGER, 1875: 399) ist etwas größer und hat wenige höhere und weniger gewölbte Umgänge. Die Ausbildung der Angularia und Parietalis läßt an der Zugehörigkeit zu *Sinalbinula* zweifeln, da beide fast getrennt sind. Erst eine umfassende Revision der Gattung *Gastrocopta*, die die Verwandtschaftsbeziehungen der einzelnen Untergattungen behandelt, kann die endgültige Zugehörigkeit klären. In Betracht käme auch die in tropischen und wärmeren Gebieten Südamerikas beheimatete rezente Untergattung *Immersidens*, deren Angularis und Parietalis ebenfalls nahezu frei sind. Die von SCHÜTT als *Gastrocopta ferdinandi* bestimmte Schnekke aus dem Sarmat von Hollabrunn gehört wahrscheinlich zu *fissidens infrapontica*.

Vorkommen: Badenium: Vöslau; Sarmat: Hollabrunn; Pannon C: Leobersdorf (Schottergrube); Pannon E: Vösendorf; Pont H: Eichkogel; Pont: Öcs, Varpalota.

Gastrocopta (Sinalbinula) serotina LOZEK
Taf. 2, Fig. 23—24

? 1875 *Pupa (Vertigo) suevica* — SANDBERGER, 654 (nom. nud.)
  1919 *Leucochila suevica* (SANDBERGER) - GOTTSCHICK u. WENZ, 13, Taf. 1, Fig. 24—25
  1942 *Gastrocopta (Sinalbinula) suevica* (SANDBERGER) - WENZ u. EDLAUER, 92
* 1964a *Gastrocopta (Sinalbinula) serotina* n. sp. — LOZEK 194 Abb. 1—4
  1974 *Gastrocopta (Sinalbinula) suevica* (SANDBERGER) - PAPP (in BRESTENSKA), 385, Taf. 17, Fig. 9
· 1979a *Gastrocopta (Sinalbinula) suevica* (O. BOETTGER) - SCHLICKUM, 408, Taf. 23, Fig. 5

Typen: Holotypus: Nationalmuseum Prag, Zoologie-Molluskensammlung Nr. 3286; Paratypen: ebenda Nr. 3287 und SMF 175513/7.

Material: LU: 5 Exemplare vom Föllig, 1 komplettes und 1 Mündungsexemplar vom Eichkogel, 4 Exemplare aus Leobersdorf (Ziegelei).

Diagnose: Klein, 7 starke Zähnchen, die die Mündung stark verengen, oberste Palatalfalte am kleinsten.

Beschreibung: H = etwa 1,8 mm; B = etwa 1,0 mm. Annähernd eiförmig. $4\frac{3}{4}$ deutlich und gleichmäßig gewölbte, mit sehr feinen, stark schiefen Anwachsstreifen versehene, durch eine tiefe Naht getrennte Umgänge. Der letzte ist von der Mündung basalwärts etwas verjüngt. Eng durchbohrt genabelt. Mündung rundlich dreieckig, unten etwas ausgezogen. Mundsaum scharf und astrk erweitert, zusammenhängend, parietal angeheftet. Flach, aber deutlich belippt. Mündungsarmatur: Angularis und Parietalis zu einem starken zweizipfeligen Zahn verschmolzen mit auseinanderstrebenden Zipfeln. Parietalzipfel stärker ins Mündungslumen vorspringend. Infraparietalis schwächer, aber deutlich. Columellaris fast horizontal, kräftig. Basalzahn breit, aber niedrig. Unterer Palatalzahn weit vorspringend, mittlerer weniger weit und oberer am geringsten.

Beziehungen: Von typischen Exemplaren unterscheidet sich diese Form durch die mehr dreieckige und weniger rundliche Mündungsform, die etwas geringere Erweiterung des Mundsaumes und den etwas weiter ins Mündungslumen vortretenden Parietalzipfel. Der letzte Umgang nimmt etwas stärker an Breite zu. Diese geringen Differenzen berechtigen jedoch meines Erachtens nicht zur Aufstellung einer eigenen Unterart. Diese Formen wurden immer wieder als *suevica* SANDBERGER bezeichnet. Hiebei handelt es sich jedoch um ein Nomen nudum, das somit ungültig ist. Der Formenkreis um *Gastrocopta nouletiana* (DUPUY) bringt etwas größere Formen hervor, deren Mündungsverengung weniger stark ist und die zur Verdoppelung des mittleren und Fehlen des oberen Palatalzahnes neigen. SCHÜTT (1967: 208, Abb. 13) meint mit *Gastrocopta suevica* eine andere Art.

Vorkommen: Obermiozän (Silvanaschichten): ? Undorf, Hohenemmingen bei Giengen; Sarmat: Steinheim; Pannon D: Leobersdorf (Ziegelei); Pannon E: Föllig; Pont II: Eichkogel; Unterpleistozän: Ctineres-Hykovina (Mittelböhmen), Plésivec, Krems (Schießstätte).

Untergattung: *Vertigopsis* STERKI, 1892

Gastrocopta (Vertigopsis) meijeri SCHLICKUM
Taf. 2, Fig. 25, 26a—b

*· 1978 *Gastrocopta (Vertigopsis) meijeri* n. sp. — SCHLICKUM, 251, Taf. 19, Fig. 9

Typen: Holotypus: SMF 247131; Paratypen: SMF 248557/5, SCH: S 14209, Sammlung PUISSEGUR (Dijon), Sammlung SCHÜTT (Düsseldorf).

Material: LU: 11 Exemplare aus Velm.

Diagnose: Angularis und Parietalis völlig verschmolzen, leicht zur Spindel gebogen. 9 Zähne.

Beschreibung: H = etwa 1,9 mm; B = etwa 1,2 mm. Kegelig eiförmig. Etwa 5 stark gewölbte, mit feinen unregelmäßigen, schiefen Anwachsrippen versehen, durch eine tiefe Naht getrennte Umgänge. Letzter Umgang gegen basal etwas verjüngt. Mündung etwa herzförmig. Nabel sehr eng und nicht tief. Mundrand scharf und wenig erweitert, durch einen dünnen Parietalkallus verbunden. Innenlippe relativ schwach. Angularlamelle mit der Parietalis völlig verschmolzen, manchmal durch einen schwachen Höcker auf der rechten Seite der Parietallamelle noch zu erkennen. Parietalis kräftig und lang, meist etwas zur Spindel gebogen. Infraparietalis sehr schwach, meistens aber vorhanden. Columellarlamelle kräftig und horizontal, 2 deutliche Basalzähnchen. Unterer und oberer Palatalzahn kräftig, mittlerer etwas schwächer. 1 bis selten 2 schwache Suprapalatalzähnchen, der obere meist fehlend. Trotz der großen Anzahl der Zähnchen ist die Mündungsverengung relativ gering.

Beziehungen: Die Untergattung *Vertigopsis* ist bisher aus dem Tertiär nur durch die neogene *Gastrocopta (Vertigopsis) magna* (STEKLOV, 1966: 191, Taf. 2, Fig. 26—28) aus Ciskaukasien bekanntgeworden. Der Formenkreis um die rezente *Gastrocopta (Vertigopsis) pentodon* (SAY) weist ebenso wie *magna* wesentlich weniger Zähne auf. Aus dem europäischen Pleistozän ist ebenfalls eine Art bekannt.

Vorkommen: Pont: Öcs; Pont G/H: Velm.

Unterfamilie: Chondrininae
Gattung: *Abida* LEACH (in TURTON), 1831

Abida schuebleri (KLEIN)
Taf. 3, Fig. 2a—c, 3

* 1846	*Pupa Schübleri* mihi — KLEIN, 74, Taf. 1, Fig. 18a—b
? 1853	*Pupa* nov. spec. ? — KLEIN, 216
? 1875	*Pupa (Torquilla) subfusiformis* SANDBERGER - SANDBERGER, 598
· 1875	*Pupa (Torquilla) antiqua* SCHÜBLER - SANDBERGER, 623, Taf. 28, Fig. 12
1911	*Pupa (Torquilla) antiqua* SCHÜBLER - GOTTSCHICK, 506
1919	*Torquilla schübleri* (KLEIN) - GOTTSCHICK u. WENZ, 3, Taf. 1, Fig. 1—3
1923	*Abida schlosseri* (COSSMANN) - WENZ, 946
v 1959	*Abida frumentum hungarica* (KIM.) - BARTHA, Taf. 15, Fig. 16

Typus: Holotypus: Naturkundemuseum Stuttgart.

Material: TO: 2 Spitzen vom Eichkogel; GA: 2 Exemplare aus Öcs; LU: 1 nahezu vollständiges Stück und 2 Bruchstücke der Mündungswand vom Eichkogel.

Diagnose: Spitzkegelig, fein gerippt, flache Umgänge.

Beschreibung: H = etwa 6,7 mm; B = etwa 2,9 mm. Spitz kegelförmig, Flanken leicht konvex, Protoconch glatt. Etwa 8 oben fein und schief gerippte, nach den unteren Windungen nur noch anwachsgestreifte, sehr wenig gewölbte Umgänge. Naht trotzdem deutlich eingesenkt. Die Umgänge sind auf ihrem unteren Abschnitt deutlich stumpfkantig. Geritzt genabelt, Nabel jedoch relativ tief. Mündung einigermaßen U-förmig. Auf der Außenseite deutlicher Nackenwulst. Mundrand etwas verdickt und sehr schmal umgeschlagen, durch eine Parietalschwiele verbunden. Mündungsarmatur: Der bei der Gattung meist auftretende, auf der Parietalschwiele sitzende Angularzahn ist bei meinem Exemplar vermutlich weggebrochen. Jedenfalls fehlt gerade der Teil der Parietalschwiele, auf dem er sitzen müßte. Alle übrigen Lamellen sind nicht randständig: Eine starke Parietallamelle, zwei deutliche Columellarzähne, vier deutliche Palatallamellen, wovon die zweite von unten am stärksten, die dritte am zweitstärksten entwickelt ist. Die oberste Palatallamelle reicht am wenigsten weit in die Mündung, ist jedoch noch deutlich erkennbar.

Beziehungen: Wahrscheinlich gehört zu der Art auch *Abida subfusiformis* (SANDBERGER), die aus den Silvanaschichten (unteres Obermiozän) bekannt ist, in der Form übereinstimmt und deren Bezahnung aus Erhaltungsgründen von SANDBERGER nicht beschrieben wurde. *Abida subvariabilis* (SANDBERGER) ist schlanker. GOTTSCHICK u. WENZ (1919: 4) unterscheiden auch eine stärker berippte Form als var. *grossecostata*. Ob *Torquilla* sp. (WENZ, 1921: 29) und *Pupa (Modicella)* cf. *Dupotetii* (TROLL, 1907: 77), die beide aus Leobersdorf erwähnt werden, ebenfalls zu *schuebleri* gehören, ist vorläufig nicht zu entscheiden, weil beiden Autoren nur Bruchstücke der Spira vorlagen.

Vorkommen: Unteres Obermiozän (Silvanaschichten); Sarmat: Steinheim; ? Pannon C oder D: Leobersdorf; Pont: Öcs; Pont H: Eichkogel.

Ökologie: Ox.

Abida costata n. sp.
Taf. 3, Fig. 1

Ableitung des Namens: Nach der Berippung.

Typisches Vorkommen: Leobersdorf (Ziegelei, Süßwasserkalk), Pannon D.

Typus: Holotypus: PA.

Material: Holotypus.

Diagnose: Deutliche, weitstehende Berippung.

Beschreibung: H = 6,55 mm; B = 3,2 mm. Spitzkegelig, unten gerundet. Apex stumpf, Flanken wenig konvex. Protoconch etwa $1\frac{3}{4}$ Umgänge, glatt. Knapp $6\frac{1}{2}$ mäßig gewölbte, durch eine tiefe Naht getrennte, deutlich und relativ weitstehend berippte Umgänge. Die Rippen stehen ziemlich schief und sind fadenförmig erhoben. Geritzt genabelt. Mündung annähernd U-förmig mit Sinulus. Mundrand erweitert und schwach verdickt. Mundränder durch Parietalschwiele verbunden. Spindel gerade. Bezahnung außer dem kräftigen, breiten Angularzahn nicht randständig. Parietalis schief nach rechts unten gebogen und stark. Zwei kräftige, steil nach oben ansteigende Columellarlamellen. Drei leistenförmige, vorne knopfartig verdickte Palatallamellen, eine vierte oberste Palatallamelle ist angedeutet.

Beziehungen: Diese Art unterscheidet sich von allen anderen *Abida*-Arten durch die kräftige Berippung und steht völlig isoliert.

Vorkommen: Pannon D: Leobersdorf (Ziegelei).

Familie:	Pupillidae
Unterfamilie:	Pupillinae
Gattung:	*Pupilla* LEACH (in TURTON), 1828
Untergattung:	*Gibbulinopsis* GERMEIN, 1919

Pupilla (Gibbulinopsis) rathi (SANDBERGER)
Taf. 3, Fig. 4

*· 1875 *Pupa (Pupilla) Rathi* A. BRAUN - SANDBERGER, 504, Taf. 25, Fig. 26
    1923 *Pupilla (Primipupilla) selecta rathi* (SANDBERGER) - WENZ, 963
    1934 *Pupilla (Primipupilla) Rathi* A. BR. - SOOS, 196
    1942 *Pupilla (Gibbulinopsis) rathi* (SANDBERGER) - WENZ u. EDLAUER, 90
· 1959 *Pupilla (Primipupilla) rathi* A. BRAUN - BARTHA, 80, Taf. 15, Fig. 15

Typus: Ursprünglich in München (Staatssammlung für Paläontologie und Historische Geologie). Im Zweiten Weltkrieg von Alliierten vernichtet.

Material: TO: 1 Exemplar vom Eichkogel; GA: 3 aus Öcs, eines aus Tihany.

Diagnose: Linksgewunden, Angularis schwach angedeutet, desgleichen obere Palatallamelle, 5zähnig.

Beschreibung: H = etwa 3,15 mm; B = etwa 1,6 mm. Linksgewunden, zylindrisch. Jugendwindungen kuppelförmig. Protoconch (knapp 2 Umgänge) mit feinen Grübchen. $6\frac{2}{3}$ Umgänge mit deutlich schiefen Anwachsstreifen, wenig gewölbt, wenig an Breite zunehmend. Nabel sehr eng, stichförmig, aber tief. Nackenkiel. Mündung rundlich, Mundrand verdickt und erweitert, basal und palatal umgeschlagen. Angularis verschwommen, als einzige Lamelle randständig. Parietalis und Columellaris kräftig. Untere Palatalis deutlich, obere etwas verschwommen.

Beziehungen: Die typische Form aus dem Mainzer Becken ist ein wenig mehr eiförmig und weniger zylindrisch; ihre Umgänge sind wenig höher.

Vorkommen: Untermiozän: Mainzer Becken; Pont: Öcs, Tihany; Pont H: Eichkogel.

Ökologie: O(x). Bewohner offener, teilweise trockener Standorte.

Pupilla (Gibbulinopsis) ? rathi (SANDBERGER)

In der PA befindet sich eine einzelne *Pupilla* aus dem Pont H vom Eichkogel, die sich aufgrund ihrer Bezahnung (schwache angulare Aufwölbung, deutlicher Parietalzahn, schwache Columellaris) als *Gibbulinopsis* herausstellt. In Skulptur und Form der Umgänge stimmt sie mit *rathi* überein, ist allerdings wesentlich kürzer und wenig breiter. Vielleicht handelt es sich um ein Jugendexemplar.

Unterfamilie: Lauriinae
Gattung: *Leiostyla* R. T. LOWE, 1852
Untergattung: *Leiostyla* s. str.

Leiostyla (Leiostyla) austriaca (WENZ)
Taf. 3, Fig. 5—8

v* 1921b *Lauria austriaca* n. sp. — WENZ, 28
1923 *Lauria (Leiostyla) austriaca* WENZ - WENZ, 1036
1928 *Lauria (Leiostyla) austriaca* WENZ - WENZ, 6

Typus: Holotypus: ED.

Material: TO: 18 Exemplare aus Leobersdorf (Ziegelei), eines vom Richardshof, 1 Mündungsexemplar aus Leobersdorf (Schottergrube) und 4 aus Leobersdorf (Sandgrube); LU: 6 Exemplare aus Leobersdorf (Ziegelei).

Diagnose: Deutlich berippt, sehr starke randständige Angularis, Parietallamelle relativ tiefliegend, 3 kurze Columellarlamellen tief innen, eine Palatallamelle.

Beschreibung: H = 2,0—2,5 mm; B = etwa 1,45 mm. Eiförmig, Apex stumpf, Unterseite etwas abgeflacht. Etwa 6 Umgänge. Protoconch (1½ Umgänge) mit sehr feinen Grübchen versehen. Umgänge anfangs schwächer, im weiteren kräftig berippt. Rippen relativ flach und etwas unregelmäßig. Naht tief, Nabel eng und tief. Der letzte Umgang trägt auf seiner Unterseite einen kräftig ausgeprägten Nackenkiel, dem im Inneren eine Furche entspricht. Mündung ungefähr U-förmig. Mundrand verdickt und umgeschlagen, durch eine dünne Parietalschwiele zusammenhängend. Mündungsarmatur: Sehr starke, randständige Angularlamelle; diese spaltet sich oben in zwei Äste, von denen der linke bogig in die Parietalschwiele übergeht, der andere jedoch sich mit dem oberen Palatalrand verbindet. Durch eine Einwölbung des Palatalrandes wird hier eine rundliche Öffnung gebildet. Die Parietallamelle ist nicht randständig, wesentlich schwächer, aber noch immer kräftig. Drei zapfenförmige Columellarzähne, alle drei tiefstehend. Eine leistenförmige, nicht randständige Palatallamelle, der auf der Außenseite eine schwache Rille entspricht.

Die Juvenilformen treten in Leobersdorf manchmal isoliert auf. Da sie besonders in der Mündungsarmatur völlig anders aussehen, was leicht zu Fehlbestimmungen führen kann, hier eine Beschreibung dieser Exemplare: Stumpfkegelig, unten etwas abgeflacht, Flanken wenig konvex, Apex stumpf. Etwas unterhalb der Mitte der Umgänge verläuft ein spiraler Kiel, der sich bis zur Mündung fortsetzt. Letzter Umgang unten abgeflacht und nur erloschen berippt. Der offene, sehr tiefe Nabel läßt die inneren Windungen erkennen. Mündung etwas schief, annähernd rechteckig. Mundrand scharf, Spindelrand etwas aufgebogen, wenig erweitert, leicht verdickt, den Nabel zu einem kleinen Teil verdeckend, nicht zusammenhängend. Auf der Parietalwand befindet sich eine sehr kräftige, nach außen gebogene Lamelle, die sich tief in das Innere fortsetzt. Drei kräftige, querstehende Palatalfalten vervollständigen die Mündungsbewehrung. Die Palatalfalten stehen hintereinander in Abständen von $^1/_7$ Umgängen. Besonders die zweite und dritte weisen meist zahnartige Erhebungen auf. Dahinter können sich noch bis zu drei sehr schwache Palatalfalten befinden.

Vorkommen: Pannon B/C: Leobersdorf (Schotter- und Sandgrube); Pannon D: Leobersdorf (Ziegelei); Pont H: Richardshof.

Gattung: *Argna* COSSMANN, 1889
Untergattung: *Argna* s. str.

Argna (Argna) suemeghyi (BARTHA)
Taf. 3, Fig. 9a—b, 10—11

	1934	*Agardia* sp. (? *oppoliensis* ANDR., ? *proexcessiva* SACCO) — SOOS, 196, Abb. 6
?	1954	*Aghardia oppoliensis* (ANDREAE) - PAPP u. THENIUS, 21
*v	1956	*Agardia sümeghyi* n. sp. — BARTHA, 528, Taf. 4, Fig. 3—4 u. 7—8
·v	1959	*Agardia oppoliensis turrita* (ANDREAE) - BARTHA, 81, Taf. 15, Fig. 23
·v	1959	*Agardia sümeghyi* BARTHA - BARTHA, 81, Taf. 15, Fig. 17
·	1978	*Argna oppoliensis* (ANDREAE) - SCHLICKUM, 252, Taf. 19, Fig. 10

Typus: GA: Nr. Pl 116.

Material: GA: Je 1 Exemplar aus Tihany und Tab; TO: 1 Exemplar vom Richardshof; LU: 23, zum Teil beschädigte Exemplare aus Velm.

Diagnose: Glatt, Höhe ziemlich variabel. Im Gegensatz zu *Argna oppoliensis* (ANDREAE) mit zwei starken Palatalfalten.

Beschreibung: H = 2,1—2,9 mm; B = etwa 1,15 mm. Zylindrisch, Apex sehr stumpf, im oberen Bereich etwas breiter als im unteren, Flanken annähernd gerade. 5¼ bis 7¼ kaum gewölbte, mit feinen Anwachsstreifen versehene, fast glatte, durch eine deutliche Naht getrennte Umgänge. Der enge Nabel ist sehr tief und offen. Die Mündung ist annähernd birnförmig bis U-förmig. Der zusammenhängende Mundrand ist verdickt und umgeschlagen und bildet palatal einen kleinen zahnartigen Knoten aus. Parietalschwiele kräftig. Je eine starke Columellar- und Parietallamelle, die beide nicht randständig sind. Tief in der Mündung, aber von außen deutlich sichtbar, zwei starke Palatalfalten. Die äußere kann zu einer knopfförmigen Erhebung reduziert sein.

Beziehungen: Am nächsten steht *Argna oppoliensis* (ANDREAE) aus dem Obermiozän von Oppeln und Zwiefaltendorf. Bei dieser sind jedoch die Palatalfalten sehr schwach ausgebildet. F. BARTHA meinte mit *Argna suemeghyi* nur die Formen mit relativ hohen, aber wenigen Umgängen. Er faßte die Art allerdings zu eng, denn die von ihm als *Agardia oppoliensis* bezeichnete Form geht in Form zahlreicher Übergänge in *suemeghyi* über und gehört somit auch dieser Art an.

Vorkommen: ? Pannon E: Vösendorf; Pont: Tab, Öcs, Tihany; Pont G/H: Velm; Pont H: Eichkogel, Richardshof.

Ökologie: W.

Familie: Valloniidae
Unterfamilie: Valloniinae
Gattung: *Vallonia* RISSO, 1826

Vallonia costata (O. F. MÜLLER)
Taf. 3, Fig. 12a—c

* 1774 *Helix costata* — O. F. MÜLLER, 31
· 1875 *Helix (Vallonia) costata* MÜLLER - SANDBERGER, 817, Taf. 36, Fig. 13a—c.
· 1958 *Vallonia costata* (MÜLL.) - JANUS, 58, Fig. 43—43b
v 1959 *Vallonia costata euryomphalus* BARTHA - BARTHA, 81, Taf. 15, Fig. 18
·v 1959 *Vallonia costata* MÜLLER - BARTHA, 81, Taf. 15, Fig. 19—20

Typus: Wahrscheinlich ursprünglich im Naturhistorischen Museum Kopenhagen, verschollen.
Material: TO: 1 Exemplar vom Eichkogel; GA: eines aus Öcs, eines aus Tihany.
Diagnose: Weitstehende, flache Berippung, meist drei Sekundärrippen zwischen den Hauptrippen, Nabel weit.
Beschreibung und Beziehungen: H = etwa 1,2 mm; B = etwa 2,3 mm. Diese Art unterscheidet sich von der folgenden durch die etwas geringere Größe, den weiteren, nicht so tiefen Nabel, den weniger verdickten Mundrand und die Berippung (siehe Diagnose). Die ebenfalls berippte, aus dem „Torton" von Frankfurt am Main (SCHÜTT, 1967: 210) und dem Sarmat von Steinheim und Hollabrunn bekannte *Vallonia subcyclophorella* (GOTTSCHICK) ist enger berippt und hat einen noch weiteren Nabel. Auch bei der pleistozänen und rezenten *Vallonia costellata* (A. BRAUN) ist die Rippenanzahl größer und zwischen den Hauptrippen nur ein bis zwei Nebenrippen (SANDBERGER, 1875: 857). Die ebenfalls berippte untermiozäne *Vallonia lepida* (REUSS) ist nach SANDBERGER (1975: 857) wesentlich kleiner und weist weit mehr, teilweise gespaltene Rippen auf. *Vallonia tenuilabris* (A. BRAUN) (Pleistozän) ist wesentlich größer (Höhe über 2 mm), und ihre Mündung ist fast unverdickt.
Vorkommen: Pont: Öcs, Tihany; Pont H: Eichkogel.
Ökologie: O(W). Meist auf sonnigen Wiesen, aber auch in hellen Waldabschnitten.

Vallonia subpulchella (SANDBERGER)
Taf. 3, Fig. 13a—c

* 1875 *Helix (Vallonia) subpulchella* SANDBERGER - SANDBERGER, 544, Taf. 29, Fig. 3 bis 3c
1923 *Vallonia subpulchella subpulchella* (SANDBERGER) - WENZ, 913
1954 *Vallonia* cf. *subpulchella* (SANDB.) - PAPP u. THENIUS, 21
·v 1959 *Vallonia subpulchella* (SDBGR.) - BARTHA, 81, Taf. 15, Fig. 21—22, Taf. 16, Fig. 2

Typus: Ehemals in der Staatssammlung für Paläontologie und Historische Geologie München. Von Alliierten im Zweiten Weltkrieg zerstört.
Material: TO: 1 Exemplar vom Eichkogel; GA: 5 aus Öcs; LU: 2 vom Eichkogel.
Diagnose: Deutliche Anwachsstreifung, aber unberippt, verdickter, stark aufgebogener bis umgeschlagener Mundrand.
Beschreibung: H = etwa 1,4 mm; B = etwa 2,6 mm. Helicoid aufgewunden, sehr flachkegelige Spira, Apex stumpf. Protoconch 1½ Umgänge, glatt. 3¼ bis 3¾ mäßig gewölbte, mit deutlichen Anwachsstreifen versehene, aber unberippte, durch eine leicht ein-

gesenkte Naht getrennte Umgänge. Diese nehmen ziemlich rasch an Breite zu. Der Nabel ist weit und tief. Mündung fast kreisrund, kaum ausgeschnitten. Der verdickte, äußerlich jedoch scharfe, oberseits kantig aufgebogene, sonst umgeschlagene Mundrand ist parietal fast zusammenhängend und durch eine mäßig dicke Parietalschwiele verbunden.

Beziehungen: Die sehr nah verwandte rezente und pleistozäne *Vallonia pulchella* (O. F. MÜLLER) ist im Durchschnitt kleiner (H = bis 1,3 mm; B = bis 2,5 mm), ihr Nabel ist weiter und dafür weniger tief, die Anwachsstreifen sind dichter und undeutlicher. Ob *subpulchella* aber tatsächlich eine von *pulchella* getrennte Art darstellt, ist fraglich. *Vallonia lepida* (REUSS) (aus dem europäischen Untermiozän), *costellata* (A. BRAUN) (Pleistozän und rezent), *tenuilabris* (A. BRAUN) (Pleistozän), *costata* (O. F. MÜLLER) (Pleistozän, rezent) und *subcyclophorella* GOTTSCHICK (mitteleuropäisches Obermiozän) sind berippt.

Vorkommen: Obermiozän: ? Krems-Stein (PAPP, 1952: 1); Pont: Öcs; Pont H: Eichkogel.

Ökologie: ? O. Wahrscheinlich Bewohner sonniger Wiesen.

Unterfamilie: Acanthinulinae
Gattung: *Acanthinula* BECK, 1847

Acanthinula trochulus (SANDBERGER)
Taf. 3, Fig. 14

*· 1875 *Pupa (Modicella) trochulus* SANDBERGER - SANDBERGER, 601, Taf. 29, Fig. 25 bis 25b
    1907 *Pupa (Modicella) trochulus* SANDBERGER - TROLL, 76
    1921b *Acanthinula trochulus* (SANDBERGER) - WENZ, 31
    1923 *Acanthinula trochulus* (SANDBERGER) - WENZ, 977

Typus: Ehemals in der Staatssammlung für Paläontologie und Historische Geologie München. Im Zweiten Weltkrieg durch Alliierte zerstört.

Material: PA: 1 beschädigtes Exemplar vom Eichkogel; TO: 1 beschädigtes Exemplar vom Eichkogel, eines aus Leobersdorf (Heilsamer Brunnen).

Diagnose: Kreiselförmig, stumpfkantige Umgänge, sehr dünne Rippen.

Beschreibung: Die mangelhaft erhaltenen Exemplare lassen eine genaue Beschreibung nicht zu. H = etwa 2,1 mm; B = etwa 2,9 mm. Kreiselförmig, Apex stumpf. Die ersten 1½ Windungen tragen sehr feine Spiralstreifen. Die etwa 3½ weiteren Umgänge sind in der Mitte stumpf gekantet und durch eine eingesenkte Naht getrennt. Sie tragen dünne, schiefe Rippchen, die durch etwa fünfmal so breite Zwischenräume getrennt sind. Auf den unteren Umgängen wird der Abstand immer größer. Zwischen den Rippen deutliche Rippenstreifung. Der Nabel ist offen und eng. Über die Mündung schreibt SANDBERGER: „Die schiefe, fast eiförmige und völlig zahnlose Mündung besitzt glänzende, schwach ausgebreitete Ränder." An einem Exemplar läßt sich ein umgeschlagener Spindelrand feststellen.

Beziehungen: Enge Beziehungen bestehen wahrscheinlich zur rezenten *Acanthinula aculeata* (O. F. MÜLLER) sowie zu *Acanthinula clairi* SCHLICKUM u. TRUC (1972: 190, Abb. 1), die aus den pliozänen (unteres Villafranchium) Schichten von Cessey-sur-Tille (Dept. Côte-d'Or) beschrieben wurde. Die Umgänge der letztgenannten Arten sind jedoch mehr gerundet und weniger kantig.

Vorkommen: Pannon D: Heilsamer Brunnen bei Leobersdorf; Pont H: Eichkogel.

Ökologie: W. Unter totem Laub.

Gattung: *Spermodea* WESTERLUND, 1902

Spermodea puisseguri SCHLICKUM u. TRUC
Taf. 3, Fig. 15a—b

* · 1972 *Spermodea puisseguri* n. sp. — SCHLICKUM u. TRUC, 190, Abb. 2

Typus: Holotypus: SMF 225728; Paratypen: SMF 225729, Universität Dijon, Universität Lyon (FSL 39046), Sammlung SCHLICKUM S 12767.

Material: LU: 2 Exemplare aus Leobersdorf (Ziegelei); TO: 1 Exemplar aus Leobersdorf (Heilsamer Brunnen).

Diagnose: Spira abgestumpft konisch mit etwas konvexen Flanken, offener Nabel.

Beschreibung: H = 1,5—1,9 mm; B = 1,8—2,1 mm. Abgestumpft konisch, Flanken leicht konvex. 5¼ etwas gewölbte, dicht mit dünnen Rippen besetzte, stufig abgesetzte Umgänge. Naht sehr tief. Letzter Umgang ziemlich hoch, höher als halbe Gehäusehöhe, zur Basis leicht abfallend. Nabel offen, mäßig eng und tief. Mündung stark ausgeschnitten, halbmondförmig, fast vertikal. Mundrand scharf, unbelippt, an der Spindel leicht gewinkelt, nicht erweitert, nicht zusammenhängend. Spindel gerade, mit einem stumpfen Knick in den unteren Mundrand übergehend.

Beziehungen: Die fossile Art *Spermodea plicatella* (REUSS) (Oberoligozän bis Obermiozän Mitteleuropas) ist wesentlich niedriger. Nach den Untersuchungen von FALKNER (1974: 233) ist *puisseguri* ein direkter Nachfahre von *plicatella*. Die im Habitus ähnliche *candida* FALKNER (Obermiozän von Undorf) besitzt einen wesentlich engeren Nabel und ein Spindellamellenrudiment. Somit ist diese Art mit *puisseguri* nicht näher verwandt. Die aus Öcs beschriebene *Spermodea augusti* SCHLICKUM hat viel stärker gewölbte Flanken.

Vorkommen: Pannon D: Leobersdorf (Ziegelei, Heilsamer Brunnen); Oberpliozän: Cessey-sur-Tille.

Unterfamilie: Strobilopsinae
Gattung: *Strobilops* PILSBRY, 1893
Untergattung: *Strobilops* s. str.

Strobilops (Strobilops) tiarula (SANDBERGER)
Abb. 3a; Taf. 4, Fig. 2a—c, 3

* 1886 *Strobilus tiarula* SANDBG. n. sp. — SANDBERGER, 331
· 1907 *Strobilus tiarula* SANDBG. - TROLL, 72, Taf. 2, Fig. 8a—c
· 1915 *Strobilops (Strobilops) tiarula* (SDBG.) - WENZ, 81, Taf. 4, Fig. 13
   1923 *Strobilops (Strobilops) tiarula* (SANDBERGER) - WENZ, 1056
· 1954 *Strobilops tiarula* (SANDBG.) - PAPP u. THENIUS, 21, Taf. 4, Fig. 11

Typus: Der Holotypus befindet sich möglicherweise in der Geologischen Bundesanstalt, ist jedoch derzeit nicht auffindbar.

Material: TO: etwa 100, zum Teil beschädigte Exemplare aus Leobersdorf (Ziegelei), 21 Exemplare aus Leobersdorf (Sandgrube), 43 aus Leobersdorf (Schottergrube); LU: 17 Exemplare aus Leobersdorf (Ziegelei).

Diagnose: Hochgewölbt, oben und unten stark berippt, Nabel stichförmig.

Beschreibung: H = etwa 1,5 mm; B = etwa 2,2 mm. Flachkonisch, Flanken wenig konvex. Der glatte Protoconch umfaßt etwa 1,5 Windungen. Die gewölbten, durch deutliche Nähte getrennten Umgänge nehmen langsam an Breite zu. Sie tragen starke, nach links geneigte Rippen, die an der Naht ansetzen, gegen die Peripherie nahezu in Dornen auslaufen und auf der Unterseite wieder schwächer werden, aber immerhin noch deutlich sind. Schwache Sekundärrippen können eingeschoben sein. Zahl der Rippen am letzten

Umgang 43—49. Die Umgänge sind an der Peripherie mit einer stumpfen Kante versehen. Nabel eng, stichförmig, Nabelfeld eingesenkt. Mundrand kallös verdickt und umgeschlagen. Starker Parietalkallus. In der Mündung erkennt man eine starke obere und eine schwächere untere Parietallamelle. Diese werden im Inneren von einer akzessorischen mittleren begleitet, die sehr schwach entwickelt ist. Die drei Palatalfalten liegen weit im Inneren (letzte Hälfte des letzten Umganges). Am höchsten ist die mittlere, am längsten die äußere, am niedrigsten und kürzesten die innere Palatallamelle. Eine angedeutete Columellarlamelle kann vorhanden sein oder fehlen. An einem Exemplar aus Lanzendorf ist die äußere Palatallamelle stark reduziert, sonst entspricht die Form aber der Beschreibung.

Beziehungen: Siehe *Strobilops pappi*.

Vorkommen: ? Sarmat: Ungarn; Pannon B/C: Lanzendorf, Leobersdorf (Sand- und Schottergrube); Pannon D: Leobersdorf (Ziegelei); Pannon E: Vösendorf.

Ökologie: ? Of. Wahrscheinlich Steppenbewohner.

Strobilops (Strobilops) pappi SCHLICKUM
Abb. 3b—c; Taf. 4, Fig. 1a—c

1954 *Strobilops* sp. — PAPP u. THENIUS, 21, Taf. 4, Fig. 10a—b
*· 1970 *Strobilops (Strobilops) pappi* n. sp. — SCHLICKUM, 84, Abb. 2—3
non 1979a *Strobilops (Strobilops) pachychila* Soos - SCHLICKUM, 409, Taf. 23, Fig. 8

Typus: Holotypus: SCH: S 12933; Paratypus: PA.

Material: PA: Paratypus aus Vösendorf; TO: 4 Exemplare vom Richardshof; LU: 12 aus Leobersdorf (Ziegelei), 30 vom Eichkogel, 2 aus Velm.

Diagnose und Beschreibung: Diese Art unterscheidet sich von der vorhergehenden durch die auf der Oberseite meist schwächere Berippung, das fast völlige Verschwinden der Rippen auf der Unterseite, den etwas weiteren Nabel, eine meist größere Rippenanzahl und das gelegentliche Fehlen der mittleren Parietallamelle. Einzelne Exemplare können bei vermehrter Rippenanzahl bauchig aufgetrieben sein. Rippenanzahl am letzten Umgang: 46—63.

Beziehungen: Die Art scheint ein Nachkomme von *tiarula* zu sein, zumindest besteht eine enge Verwandtschaft. Der bei *pappi* meist weitere Nabel ist kein Hinweis für entfernte Verwandtschaft, weil innerhalb beider Arten der Nabeldurchmesser ziemlich variiert. Ein Hinweis für nahe Verwandtschaft ist auch der Umstand, daß bei beiden Arten die äußere Palatallamelle ziemlich reduziert sein kann. Bei *pappi* lassen sich zwei Tendenzen verfolgen (siehe auch Abb. 3):

— die Verkürzung der äußeren Palatalis von hinten her,
— die Umbildung und Verkleinerung der inneren Palatalis zu einer kleinen hakenförmigen Erhebung.

In diese Tendenz läßt sich *tiarula* einreihen, indem bei diesem die äußere Palatallamelle hinten noch lang ausgezogen ist und die innere noch kaum eine hakenförmige Krümmung zeigt.

Eine weitere Fortsetzung dieser Tendenzen zeigt der aus dem südfranzösischen Pliozän von Hauterive beschriebene *Strobilops (Strobilops) romani* WENZ (1915: 83, Taf. 4, Fig. 12a—c). Hier ist die unterste Palatalis zu einer punktartigen Erhebung reduziert.

Interessant ist das gemeinschaftliche Vorkommen von *pappi* und *tiarula* im Pannon D von Leobersdorf (Ziegelei).

Sehr nahe verwandt ist auch *Strobilops costata* (SANDBERGER) aus dem Obermiozän von Oppeln und Undorf. Die Nabelweite entspricht ungefähr *pappi*, *costata* ist jedoch auch auf der Unterseite deutlich gerippt. Die äußere Palatallamelle ist bei *costata* weiter nach hinten ausgezogen als bei *tiarula*. Der aus Steinheim bekannte *Strobilops joossi* (GOTT-

SCHICK) läßt sich durch die gleichen Unterscheidungsmerkmale von *tiarula* und *pappi* unterscheiden. *Strobilops tiarula pachychila* Soos aus dem Pont von Öcs ist rundlicher, und seine Mündung ist stärker verdickt. SCHLICKUM (1979) rechnet seine Art *pappi* SCHLICKUM (1970) zu *pachychila* Soos und anerkennt dessen Priorität. Beide Arten sind jedoch morphologisch gut auseinanderzuhalten.

Vorkommen: Pannon D: Leobersdorf (Ziegelei); Pannon E: Vösendorf; Pont G/H: Velm; Pont H: Eichkogel, Richardshof.

Ökologie: ? Of. Wahrscheinlich Steppenbewohner.

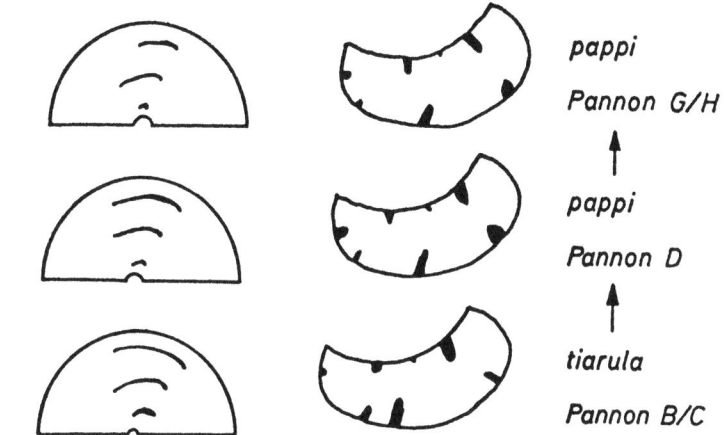

Abb. 3. Entwicklung der Lamellen von *Strobilops* im Pannon und Pont.

Familie: Enidae
Unterfamilie: Eninae
Gattung: *Ena* TURTON, 1831

Ena sp.
Taf. 4, Fig. 8

Ein Spirabruchstück einer Ena aus dem Pont H vom Eichkogel befindet sich in der TO. Es ist kegelförmig. Der nicht deutlich abgesetzte Protoconch ist nur durch die deutliche Umgangswölbung erkennbar. Sonst sind die Umgänge fast nicht gewölbt und die Flanken gerade. Die Naht ist ziemlich seicht. Am Ansatz der Naht sind die Umgänge relativ scharf gekantet.

Ökologie: W. Angehörige dieser Gattung leben meist an Stämmen und unter Falllaub in mehr oder weniger feuchten Laubwäldern.

Unterordnung: HETERURETHRA
Oberfamilie: Succineacea
Familie: Succineidae
Unterfamilie: Succineinae
Gattung: *Succinea* DRAPARNAUD, 1801

Succinea sp.
Taf. 4, Fig. 12

Selten finden sich im Pont H vom Eichkogel Bruchstücke von *Succinea*, die jedoch schlecht erhalten und unbestimmbar sind. Es besteht die Gefahr einer Verwechslung mit Lymnaeiden.

Ökologie: Hh. Succineen bewohnen mit Vorliebe sehr feuchte Standorte.

Untergattung: *Succinella* MABILLE, 1870

Succinea (Succinella) oblonga DRAPARNAUD
Taf. 4, Fig. 13—14

*v 1801 *Succinea oblonga* — DRAPARNAUD, 56
   1805 *Succinea oblonga* — DRAPARNAUD, 59, Taf. 3, Fig. 24—25
   1923 *Succinea (Lucena) oblonga oblonga* DRAPARNAUD - WENZ, 897
· 1964 *Succinea (S.) oblonga* DRAPARNAUD - LOZEK, 230, Taf. 12, Fig. 7—9

Typus: Holotypus: NHM Wien, Molluskenabteilung.
Material: LU: 2 beschädigte Exemplare aus Hauskirchen.
Diagnose: Spitzkonische Spira, 3½ stark gewölbte Umgänge. Naht tief, Mündung zugespitzt eiförmig, ungenabelt.
Beschreibung: H = etwa 7,5 mm; B = 4,5 mm. Mittelschlank, Spira spitzkonisch. Die 3½ stark gewölbten, mit deutlichen Anwachsstreifen versehenen Umgänge nehmen rasch an Höhe zu und sind durch eine tiefe Naht getrennt. Die Mündung ist zugespitzt eiförmig, sie erreicht die halbe Gehäusehöhe. Der Mundrand ist scharf, ab der Spindel gelegentlich etwas verdickt. Die Spindel ist schwach spiralig gebogen. Die Mundränder werden durch eine dünne Parietalschwiele verbunden.
Beziehungen: Diese Form gleicht völlig der rezenten. Eine nah verwandte tertiäre Art ist mir unbekannt. *Succinea affinis* REUSS hat u. a. eine noch niedrigere Spira. *Catinella arenaria* (BOUCHARD-CHANTERRAUX) ist plumper und bei gleicher Windungszahl breiter. Nach FORCART (1970) sind diese unterscheidenden Merkmale trotz der großen Variabilität beider Arten ziemlich konstant.
Vorkommen: Pannon B/C: Hauskirchen; Pleistozän und rezent: In Europa weit verbreitet.
Ökologie: Hh. An feuchten Stellen, aber nicht nur am Wasser, auch in feuchten Wäldern und Rasen. Zuweilen auch an verhältnismäßig trockenen Standorten.

Gattung: *Papyrotheca* BRUSINA, 1893

Papyrotheca mirabilis BRUSINA
Taf. 4, Fig. 9—10, 11a—b

*· 1893 *Papyrotheca mirabilis* sp. nov. — BRUSINA, 161, Taf. 11, Fig. 1—3
   1907 *Papyrotheca gracilis* LÖR. - TROLL, 70
   1921b *Papyrotheca mirabilis* BRUSINA - WENZ, 27
   1923 *Papyrotheca mirabilis* BRUSINA - WENZ, 900

Typus: Naturhistorisches Museum Agram.
Material: ED: 6 Exemplare aus Leobersdorf (Schottergrube); PA: 3 aus Leobersdorf (Schottergrube).
Beschreibung: Gehäuse dünnschalig, am spitzen Apex nur einen Umgang bildend, dann aufgerollt. Habitus pantoffelförmig. Umgänge mit deutlichen Anwachsstreifen. Die zu einem Septum aufgerollte Spindel trägt ebenfalls Anwachsstreifen. In der Mitte des Septums verläuft etwas nach links verschoben eine Längsrille. Mündung U-förmig. Mundrand scharf, unverdickt, besonders gegen das Septum hin leicht aufgebogen.
Beziehungen: Die Gattung *Papyrotheca* entwickelte sich aus der Gattung *Succinea*. *Papyrotheca mirabilis* stellt die Endstufe dieser Entwicklung dar.
Vorkommen: Pannon Südosteuropas (z. B. Ripanj); Pannon B/C: Leobersdorf Schottergrube).

Unterordnung: SIGMURETHRA
Oberfamilie: Enodontacea
Familie: Enodontidae
Unterfamilie: Punctinae
Gattung: *Punctum* MORSE, 1864
Untergattung: *Punctum* s. str.

Punctum (Punctum) pygmaeum propygmaeum ANDREAE
Taf. 4, Fig. 4a—c, 5a—b

* 1904 *Punctum propygmaeum* n. sp. — ANDREAE, 6, Fig. 4
  1920 *Punctum propygmaeum parvulum* n. v. — GOTTSCHICK, 39
  1923 *Punctum (Punctum) propygmaeum propygmaeum* ANDREAE - WENZ, 349
  1942 *Punctum (Punctum) pygmaeum* (DRAPARNAUD) - WENZ u. EDLAUER, 92
· 1975 *Punctum (Punctum) propygmaeum* ANDREAE - SCHLICKUM, 59, Taf. 5, Fig. 30

Typus: Holotypus: Roemermuseum Hildesheim? Meine diesbezüglichen Anfragen wurden nicht beantwortet.
Material: LU: Zahlreiche Exemplare aus Velm und vom Eichkogel.
Diagnose: Für die Gattung ziemlich groß, Nabel perspektivisch, feinste Spiralskulptur.
Beschreibung: H = etwa 0,6 mm; B = etwa 1,7 mm. Flachkegelig, Flanken ganz leicht konvex, Spitze stumpf. Protoconch nicht deutlich abgesetzt. Die 3¾ bis 4¼ deutlich und eng anwachsgestreiften Umgänge nehmen gleichmäßig an Breite zu und tragen eine äußerst feine Spiralskulptur. Die Umgänge sind fast ideal gerundet, nur an der Peripherie etwas stärker gekrümmt. Die Naht ist etwas eingesenkt. Der Nabel ist weit und tief. Die Mündung ist fast rund-queroval und etwas ausgeschnitten. Mundrand scharf, nicht erweitert.
Beziehungen: Gegenüber den aus dem Badenium von Oppeln in Schlesien beschriebenen Stücken sind die Exemplare aus dem Wiener Becken etwas kleiner und flacher und besitzen einen ganz stumpfen peripheren Kiel. Die von GOTTSCHICK (1920: 39—40) beschriebenen Exemplare aus dem Sarmat von Steinheim sind höher gewölbt, aber wiederum kleiner. Am nächsten kommen wohl die Exemplare aus Cessey-sur-Tille (Oberpliozän), deren Nabel jedoch enger ist. Wahrscheinlich gehören alle diese Formen zu dem rezenten *Punctum pygmaeum* (DRAPARNAUD) und stellen nur Standortformen oder Lokalrassen dar. Da dies jedoch nicht ganz sicher ist und die pontischen Formen größer als die rezenten sind, stelle ich sie zu *propygmaeum* als Unterart von *pygmaeum*.
Vorkommen: Unteres Obermiozän: Oppeln; Obermiozän: Krems-Stein; Pont G/H: Velm; Pont H: Eichkogel.
Ökologie: m. Meist unter Laub und faulem Holz im Wald, aber auch in offene Landschaften gehend.

Unterfamilie: Helicodiscinae
Gattung: *Helicodiscus* MORSE, 1864
Untergattung: *Helicodiscus* s. str.

Helicodiscus (Helicodiscus) roemeri (ANDREAE)
Taf. 7, Fig. 3a—c, 4a—d

*· 1902b *Hyalinia (Gyralina) roemeri* n. sp. — ANDREAE, 9, Fig. 3
  1942 *Gyralina roemeri* (ANDREAE) - WENZ u. EDLAUER, 93, Taf. 4, Fig. 12
· 1979b *Helicodiscus (Helicodiscus) roemeri* (ANDREAE) - SCHLICKUM, Abb. 3

Typus: Roemermuseum Hildesheim? Meine diesbezüglichen Anfragen blieben leider unbeantwortet.

Material: TO: 1 Exemplar aus Leobersdorf (Schottergrube), eines vom Richardshof; LU: 14 Exemplare vom Eichkogel.

Diagnose: Ebene Spira, weiter, offener Nabel, Spiralberippung durch radiale Anwachsstreifung durchkreuzt.

Beschreibung: H = etwa 1,2 mm; B = 2,3—3,2 mm. Dick scheibenförmig, Spira eben. Protoconch nicht deutlich abgesetzt. Spiralig berippt. Adult etwa vier lateral etwas abgeflachte Umgänge. Die Umgänge tragen oberseits, lateral und unterseits eine deutliche Spiralberippung. Diese ist an den einzelnen Exemplaren oft unterschiedlich stark ausgebildet und variiert sogar an einem einzelnen Exemplar. Auf der Unterseite ist die Berippung meist etwas undeutlicher. Auf dem letzten Umgang meist 10 bis 15 Rippen. Die Spiralrippen wurden von einer starken, gelegentlich etwas runzeligen Anwachsstreifung durchkreuzt, die jedoch der Spiralberippung in der Stärke meist unterlegen ist und die Schale gegittert erscheinen läßt. Naht tief eingesenkt, Nabel sehr weit und offen. Die Mündung ist breit halbmondförmig, mehr nach unten übergreifend. Der Mundrand ist scharf und nicht erweitert.

Beziehungen: Die Formen aus dem Wiener Becken sind noch flacher als der Typus. Möglicherweise handelt es sich dabei um eine eigene Rasse.

Vorkommen: Unteres Obermiozän: Oppeln; Pannon C: Leobersdorf (Schottergrube); Pont H: Eichkogel, Richardshof.

Ökologie: x?

Unterfamilie: Discinae
Gattung: *Discus* FITZINGER, 1833
Untergattung: *Discus* s. str.

Discus (Discus) pleuradrus (BOURGUIGNAT)
Taf. 4, Fig. 6a—c, 7

* 1881 *Helix pleuradra* — BOURGUIGNAT, 53, Taf. 3, Fig. 67—72
  1907 *Patula supracostata* SANDBG. - TROLL, 73
  1907 *Patula euglyphoides* SANDBG. - TROLL, 73
· 1911 *Patula (Caropa) costata* n. sp. — GOTTSCHICK, 501, 503, Taf. 7, Fig. 15
  1920 *Gonyodiscus costatus* GOTTSCHICK - GOTTSCHICK, 40
  1921b *Gonyodiscus pleuradra* (BOURGUIGNAT) - WENZ, 26
  1921b *Gonyodiscus costatus* (GOTTSCHICK) - WENZ, 26
  1923 *Gonyodiscus (Gonyodiscus) costatus* (GOTTSCHICK) - WENZ, 326
  1923 *Gonyodiscus (Gonyodiscus) pleuradra pleuradra* (BOURGUIGNAT) - WENZ, 341
  1934 *Gonyodiscus (Gonyodiscus) costatus* (GOTTSCHICK) - SOOS, 197
  1954 *Gonyodiscus pleuradra pleuradra* (BOURGUIGNAT) - PAPP u. THENIUS, 21
v· 1959 *Goniodiscus costatus* (GOTTSCHICK) - BARTHA, Taf. 17, Fig. 2—3
· 1976 *Discus (Discus) pleuradra* (BOURGUIGNAT) - SCHLICKUM, 12, Taf. 2, Fig. 37
· 1978 *Janulus moersingensis* JOOSS - SCHLICKUM, 256, Taf. 19, Fig. 16
· 1978 *Janulus* sp. — SCHLICKUM, 256, Taf. 19, Fig. 17
· 1979a *Janulus joossi* n. sp. — SCHLICKUM, 410

Typus: Verschollen.

Material: PA: 2 Exemplare aus Oberdorf bei Wies (Steiermark), 3 aus Steinheim, eines vom Richardshof, eines aus Leobersdorf (Sandgrube), 9 aus Leobersdorf (Ziegelei); TO: 10 aus Leobersdorf (Ziegelei), 2 aus Leobersdorf (Sandgrube), eines aus Leobersdorf (Schottergrube); LU: 12 vom Eichkogel, 17 aus Leobersdorf (Ziegelei), 25 aus Velm, 1 fragliches Exemplar aus Lanzendorf.

Diagnose: Ober- und unterseits berippt, Umgangsquerschnitte rund bis sehr stumpf gekielt, Nabelweite geringer als die Mündungsbreite.

Beschreibung: H = etwa 1,9 mm; B = etwa 3,6 mm (ausgewachsene Exemplare). Stumpfkegelig — diskusförmig. Umgänge stark gewölbt, ober- und unterseits mit kräftigen Rippen versehen, Querschnitt rundlich bis queroval, meist mit einer sehr stark gerundeten, peripheren, angedeuteten Spiralkante. Die Rippen setzen an der sehr stark eingetieften Naht an und verlaufen in parabolischem Schwung nach hinten bis wenig unter die Naht, von wo ab sie in der Mitte der Unterseite der Umgänge leicht nach vorn gewölbt in den Nabel hinein verlaufen. Dieser ist weit und perspektivisch und läßt den Protoconch sehen. Die Mündung ist rundlich quereiförmig, etwas ausgeschnitten. Mundrand scharf, unbelippt. Bei den meist häufigeren Juvenilstücken ist die Berippung unterseits meist schwach.

Beziehungen: Typische Exemplare von *pleuradrus* zeigen keinen peripheren Knick. In den pannonischen und pontischen Ablagerungen des Wiener Beckens gibt es jedoch alle Übergänge zu sehr leicht gekielten Formen. Beide Extreme gehören daher zu einer Art, wobei hier allerdings die leicht gekielten überwiegen. Man könnte diese Form allenfalls subspezifisch als *Discus pleuradrus costatus* (GOTTSCHICK) abtrennen. Es dürfte sich hier allerdings um eine ökologische Rassenbildung handeln, wo eine eigene Benennung mir nicht sinnvoll erscheint. *Discus ruderoides* besitzt einen weiteren Nabel, der die Mündungsweite an Durchmesser übertreffen kann. Er wurde aus dem Pliozän von Hauterive beschrieben und kommt auch im Pliozän des Rhônetales vor (SCHLICKUM, 1975: 59). Wahrscheinlich haben wir es mit einer Entwicklung von *Discus pleuradrus* über *Discus ruderoides* (MICHAUD) zum rezenten *Discus ruderatus* (FERUSSAC) zu tun, wobei hier eine Tendenz zur Erweiterung des Nabels vorliegt. Die Ansicht von SCHLICKUM (1978), es handle sich bei dieser Art um einen *Janulus*, trifft nicht zu, weil die für *Janulus* typische Mundrandbelippung fehlt, keine Palatallamellen vorhanden sind und die äußere Form eine andere ist.

Vorkommen: Tiefes Obermiozän Frankreichs: Sansan (Locus typicus); Badenium (Silvanaschichten); Sarmat: Steinheim, Hollabrunn, Oberdorf bei Wies; Pannon B/C: Lanzendorf, Leobersdorf (Sand- und Schottergrube); Pannon D: Leobersdorf (Ziegelei); Pannon E: Vösendorf; Pont G/H: Velm; Pont H: Eichkogel; Pont: Öcs.

Ökologie: W. In Wäldern meist an Baumstümpfen und unter morschem Holz.

Oberfamilie:	Zonitacea
Familie:	Vitrinidae
Unterfamilie:	Vitrininae
Gattung:	*Semilimax* AGASSIZ, 1845

Semilimax intermedius (REUSS)
Taf. 5, Fig. 1a—b, 2—3

*· 1852 *Vitrina intermedia* m. — REUSS, 11, 18, Taf. 1, Fig. 4
   1923 *Vitrina intermedia intermedia* REUSS - WENZ, 216
   1928 *Phenacolimax (Semilimax) intermedius* (REUSS) - WENZ, 5
   1954 *Daudebardia* cf. *praecusor* ANDREAE - PAPP u. THENIUS, 21, Taf. 4, Fig. 12

Typus: Verschollen.
Material: TO: 53 beschädigte Exemplare aus Leobersdorf (Ziegelei), eines aus Leobersdorf (Sandgrube); LU: 21 aus Leobersdorf (Ziegelei).
Diagnose: Flach, letzter Umgang weit ausgezogen.

Beschreibung: Ohrförmig, Spira praktisch nicht erhoben, Oberseite sehr flach gewölbt. Adult etwa zwei Umgänge, glatt, glänzend, mit feinen Anwachsstreifen, die kurz unter der Naht ganz flach nach hinten gebogen sind. Dicht neben der flachen Naht verläuft eine Spiralrille, die vor der Mündung meist undeutlich wird. Ungenabelt. Mündung fast horizontal, sehr groß. Mundrand scharf, hinten stark zurückgenommen. Spindelrand von dünner Parietalschwiele breit verdeckt.

Beziehungen: Der rezente *Semilimax semilimax* (FERUSSAC) hat noch breitere Umgänge. Beim rezenten und pleistozänen *Semilimax kotulae* (WESTERLUND) ist der letzte Umgang oben deutlich gewölbt. Sehr ähnlich ist auch *Semilimax kochi* ANDREAE, der in Cessey-sur-Tille auftritt und vielleicht zu *Semilimax semilimax* gehört.

Vorkommen: Eggenburgium: Tuchorschitz (Böhmen); Unteres Obermiozän: Oppeln; Pannon B/C: Leobersdorf (Sandgrube); Pannon D: Leobersdorf (Ziegelei); Pannon E: Vösendorf.

Ökologie: W. Bewohner eher feuchter Waldgebiete.

Familie: Zonitidae
Unterfamilie: Vitreinae
Gattung: *Vitrea* FITZINGER, 1833
Untergattung: *Vitrea* s. str.

Vitrea (Vitrea) subrimatula WENZ
Taf. 5, Fig. 8a—c

*v 1921b *Vitrea subrimatula* n. sp. — WENZ, 26, Fig. 1
   1923 *Vitrea subrimatula* WENZ - WENZ, 295

Typus: Holotypus: ED; keine Paratypen.
Material: Holotypus und ein weiteres Exemplar aus Leobersdorf (Ziegelei).
Diagnose: Sehr klein, flache Spira, Umgänge gewölbt, Nabel eng stichförmig.
Beschreibung: H = 0,7 mm; B = 1,2 mm (Holotypus). Spira stark abgeflacht, Gehäuse unten stark gewölbt. Etwa 3½ gewölbte, mit sehr feinen Anwachsstreifen versehene, durch eine eingesenkte Naht getrennte Umgänge. Nabel sehr eng, stichförmig. Mündung halbmondförmig. Mundrand scharf, nicht erweitert, lediglich der Spindelrand ist etwas umgeschlagen. Er biegt mit stumpfem Winkel in die Spindel ein.

Beziehungen: Die pleistozäne und rezente *Vitrea diaphana* (STUDER) ist gänzlich ungenabelt und größer, desgleichen die pleistozäne und rezente *Vitrea transylvanica* (CLESSIN). Die ebenfalls ab dem Pleistozän nachgewiesene *Vitrea crystallina* (O. F. MÜLLER) ist viel größer und weiter genabelt. Sehr ähnlich ist die pleistozäne und rezente *Vitrea subrimata* (REINHARDT), die jedoch bei gleicher Zahl der Umgänge größer ist. Wahrscheinlich ist *subrimatula* ein Vorläufer von *subrimata*.

Vorkommen: Pannon D: Leobersdorf (Ziegelei).
Ökologie: W. In eher feuchten Wäldern, aber auch an relativ trockenen Standorten.

Vitrea (Vitrea) procrystallina steinheimensis GOTTSCHICK
Taf. 5, Fig. 4a—b, 7a—c

* 1920 *Vitrea (Vitrea) procrystallina steinheimensis* n. v. — GOTTSCHICK, 37
  1921b *Vitrea procrystallina steinheimensis* GOTTSCHICK - WENZ, 25
  1923 *Vitrea procrystallina steinheimensis* GOTTSCHICK - WENZ, 294
  1959 *Vitrea crystallina* (MÜLL.) - BARTHA, Beilagetafel 5

Typus: Ursprünglich im Naturkundemuseum Stuttgart. Verbleib ungeklärt.

Material: GA: 1 Exemplar aus Öcs; PA: 13 aus Leobersdorf (Ziegelei); TO: 6 aus Leobersdorf (Schottergrube), 9 aus Leobersdorf (Sandgrube), 19 aus Leobersdorf (Ziegelei); LU: 5 aus Leobersdorf (Ziegelei), 1 Exemplar vom Richardshof; ED: 5 beschädigte Exemplare aus Leobersdorf (Schottergrube), eines aus Inzersdorf.

Diagnose: Sehr niedrige Spira, enger Nabel, Oberseite der Windungen wenig gewölbt. Oberhalb der Mitte der Umgänge Zone stärkster Krümmung.

Beschreibung: H = etwa 1,2 mm; B = etwa 2,6 mm. Diskusförmig, sehr flachkegelige Spira, Flanken gerade. Etwa 5 enggewundene, nur sehr langsam an Breite zunehmende, glänzende Umgänge. Nur sehr schwache Anwachsstreifung und extrem feine, kaum erkennbare Spiralskulptur. Oberhalb der Mitte der Umgänge läßt sich im Querprofil eine Zone stärkster Krümmung erkennen. Umgänge wenig gewölbt. Nabel eng, stichförmig und tief. Mündung halbmondförmig. Mundrand scharf, nicht erweitert, lediglich der Spindelrand etwas aufgebogen.

Beziehungen: Von der vorhergehenden Art unterscheidet sich diese Form durch die bedeutendere Größe und den weiteren Nabel. Die pliozäne bis rezente *Vitrea crystallina* (O. F. MÜLLER) ist bei gleicher Windungszahl größer, ihr Nabel ist ein wenig weiter. *Vitrea procrystallina procrystallina* hat an der Oberseite weniger gewölbte Umgänge, so daß die „Zone stärkster Krümmung" schon fast den Charakter einer stumpfen Spiralkante annimmt.

Vorkommen: Sarmat: Steinheim; Pannon B/C: Leobersdorf (Schottergrube); Pannon D: Leobersdorf (Ziegelei); Pannon E: Inzersdorf; Pont H: Richardshof.

Ökologie: W(m). Nicht nur im Wald. Liebt feuchte Standorte und lebt meist unter Fallaub, oft im Gebüsch.

Unterfamilie: Zonitinae
Gattung: *Aegopis* FITZINGER, 1833
Untergattung: *Pontaegopis* n. subgen.

Ableitung des Namens: Vom Vorkommen im Pont und Pannon.

Typisches Vorkommen: Götzendorf, Pont F.

Diagnose: Von der typischen Untergattung, deren Embryonalgewinde scharf gekielt und nur flach berippt ist, durch die gerundeten Embryonalwindungen und die erhabene Berippung, weiters durch das Fehlen einer Spiralskulptur unterschieden. Rippenstreifen etwas stärker gebogen als bei der typischen Untergattung.

Aegopis (Pontaegopis) laticostatus (SANDBERGER)
Taf. 6, Fig. 1a—c; Taf. 7, Fig. 5—6

* 1885   *Archaeozonites laticostatus* SANDBERGER - SANDBERGER, 393
  1907   *Archaeozonites laticostatus* SANDBERGER - TROLL, 71
  1921b *Zonites (Aegopis) laticostatus* SANDBERGER - WENZ, 25
  1923   *Zonites (Aegopis) laticostatus* SANDBERGER - WENZ, 258
· v 1925 *Archaeozonites Kormosi* HALAVATS n. sp. — HALAVATS, 404, Taf. 16, Fig. 9a—d
? 1978   *Pleurodiscus falkneri* n. sp. — SCHLICKUM, 254, Taf. 19, Fig. 13

Typus: Befindet sich wahrscheinlich in der Geologischen Bundesanstalt, ist jedoch derzeit nicht auffindbar.

Material: GA: 6 Exemplare aus Baltavar; ED: eines aus Leobersdorf (Heilsamer Brunnen); PA: eines vom Richardshof; LU: 26 durchwegs unterschiedlich beschädigte Exemplare aus Götzendorf.

Diagnose: Gerundetes Embryonalgewinde mit relativ erhabenen, breiten Rippen (oft erodiert). Endwindung gerundet.

Beschreibung: Höhe wegen der Verdrückung nicht zufriedenstellend zu ermitteln. B = etwa 22—25 mm. Flachkegelig. Spira wenig gewölbt, Protoconch nicht deutlich abgesetzt, mit anfangs mehr oder weniger erhabenen, breiten Rippen, die jedoch manchmal anscheinend schon zu Lebzeiten erodiert werden. Etwa 5½ wenig gewölbte, mit zahlreichen Rippenstreifen verzierte Umgänge. Die Rippenstreifen sind mäßig gebogen und verflachen auf der Gehäuseunterseite fast völlig. Die Jugendwindungen können eine angedeutete Spiralkante aufweisen, sind aber im allgemeinen gerundet. Der Nabel ist offen und tief. Die Mündung ist quereiförmig und durch den vorletzten Umgang ausgeschnitten. Der Mundrand ist nicht erweitert und scharf.

Beziehungen: Die nah verwandte, vermutlich ebenfalls zur Untergattung gehörende *Aegopis haidingeri* (REUSS) aus dem Eggenburgium von Tuchorschitz ist höher gewölbt und stärker gekantet. SANDBERGER schreibt über *laticostatus*: „Flacher, ungekielt und mit breiteren Rippen verziert als der obermiozäne *Archaeozonites costatus*." Über eine weitere Art, nämlich *Aegopis subcostatus* (SANDBERGER, 1875: 604), berichtet er: „Eine zweite neue Art mit sehr schwach kantigen, im Alter völlig runden Windungen sowie zahlreicheren und schwächeren Rippen ist *Archaeozonites subangulosus* BENZ sp. (S. 463) ähnlich, aber flacher und bedeutend weiter genabelt. Sie ist bis jetzt in der oberen Süßwassermolasse von Häder, Oeningen (Baden) und Würrenlos (Ct. Aargau) von Clessin und C. Mayer gesammelt worden und mag *A. subcostatus* heißen." Leider sind aber weder von *costatus* noch von *subcostatus*, noch von *laticostatus* Abbildungen vorhanden, noch die Typen auffindbar, so daß schlüssige Vergleiche ausgeschlossen sind. Ob der aus dem Pont von Öcs beschriebene, etwas kleinere *Pleurodiscus falkneri* SCHLICKUM (1978) auch hierhergehört, vermag ich nicht zu entscheiden.

Vorkommen: Pannon D: Leobersdorf (Heilsamer Brunnen); Pont: Tab, Baltavar, Oreglak; Pont F: Götzendorf; Pont H: Richardshof.

Ökologie: W. In feuchten Wäldern unter Laub und zwischen Steinen.

Gattung: *Perpolita* H. B. BAKER, 1928

Perpolita disciformis n. sp.
Taf. 5, Fig. 5a—c

Ableitung des Namens: Von der diskusförmigen Gestalt.
Typisches Vorkommen: Velm, Pont G/H.
Typen: Holotypus und Paratypen: NHM (Molluskenabteilung, Inv.-Nr. 81.222), Paratypen: LU.
Material: TO: 5 Exemplare vom Richardshof, 7 aus Leobersdorf (Sandgrube); LU: 40 Paratypen aus Velm, zahlreiche Stücke vom Eichkogel; NHM: Holotypus und 3 Paratypen.
Diagnose: Diskusförmig, sehr schwach gewölbt, Nabel ziemlich weit und perspektivisch.
Beschreibung: H = 2,5 mm; B = 4,65 mm (Holotypus). Diskusförmig, Spira fast eben, nur sehr schwach gewölbt. Adult vermutlich 3½ mäßig gewölbte, mit feinen, unregelmäßigen Anwachsstreifen und einer mikroskopischen Spiralskulptur verzierte, durch eine eingesenkte Naht getrennte Umgänge. Protoconch (1½ Umgänge) glatt. Nabel ziemlich weit, perspektivisch, läßt den Protoconch erkennen. Mündung quereiförmig, mit einer leicht nach rechts fallenden Längsachse. Mundrand scharf.

Beziehungen: Die aus dem schwäbischen Obermiozän beschriebene, nächstverwandte *Perpolita subhammonis* (GOTTSCHICK, 1928: 146, Taf. 2, Abb. 6) ist vergleichsweise etwas höher und besitzt einen etwas engeren Nabel. Besonders in der extrem niederen Spira ähnelt *Perpolita glisei* SCHLICKUM aus den pliozänen Deckschichten der niederrheinischen Braunkohle unserer neuen Art. Auch die höher gewölbte *Perpolita wenzi* SCHLICKUM und *Perpolita riedeli* SCHLICKUM sind enger genabelt. Die sicherlich sehr nah verwandte *Perpolita* (= „*Hyalinia*") *miocaenica* (ANDREAE) ist etwas enger genabelt und vielleicht ein Vorläufer unserer Art.

Vorkommen: Pannon B/C: Leobersdorf (Sandgrube); Pont G/H: Velm; Pont H: Eichkogel, Richardshof.

Ökologie: m(h). Meist an feuchten Stellen.

Gattung: *Aegopinella* LINDHOLM, 1927

Aegopinella orbicularis (KLEIN)
Taf. 6, Fig. 4a—c, 5a—c, 6a—c

* 1846 *Helix orbicularis* mihi — KLEIN, 71, Taf. 1, Fig. 13
   1853 *Helix orbicularis* mihi — KLEIN, 208
· 1853 *Helix subnitens* mihi — KLEIN, 210, Taf. 5, Fig. 7
· 1875 *Hyalinia orbicularis* KLEIN sp. — SANDBERGER, 603, Taf. 29, Fig. 28—29
   1907 *Hyalinia Reussi* n. sp. — SCHLOSSER, 767, Taf. 17 Fig. 10
   1920 *Hyalinia (Hyalinia) subnitens* KLEIN fa. *recedens* n. f. — GOTTSCHICK, 33
   1920 *Hyalinia (Hyalinia) subnitens* KLEIN var. *erecta* n. v. — GOTTSCHICK, 33
   1923 *Oxychilus subnitens subnitens* (KLEIN) - WENZ, 282
   1954 *Oxychilus reussi* (M. HOERNES) - PAPP u. THENIUS, 21
   1967 *Oxychilus (Oxychilus) subnitens subnitens* (KLEIN) - SCHÜTT, 214
   1974 *Oxychilus (Oxychilus) subnitens subnitens* (KLEIN) - PAPP (in BRESTENSKA), 379
· 1976 *Aegopinella subnitens* (KLEIN) - SCHLICKUM, 12, Taf. 3, Fig. 39—40
· 1978 *Aegopinella subnitens* (KLEIN) - SCHLICKUM, 254, Taf. 19, Fig. 14

Typus: Holotypus: Naturkundemuseum Stuttgart.

Material: TO: 9 Exemplare vom Richardshof; PA: 10 aus Leobersdorf (Ziegelei); LU: eines aus Lanzendorf, 17 aus Götzendorf, 3 fragliche aus Ebergassing, 1 fragliches aus Leobersdorf (Ziegelei), 2 fragliche aus Mistelbach.

Beschreibung: H = 2,4—7,3 mm; B = etwa 4,8 (bis 11,5) mm. Größe sehr unterschiedlich. Annähernd diskusförmig, Spira sehr flachkegelig, Flanken gerade. Mir liegen keine sicher adulten Exemplare vor; die meisten sind Jugendformen. Der nicht abgesetzte Protoconch ist unskulptiert. Die Umgänge sind mäßig gewölbt, durch eine eingesenkte Naht getrennt, unten glatt und an der Oberseite mit feinen, runzeligen Anwachsstreifen versehen. Manchesmal ist auch eine äußerst feine Spiralskulptur zu erkennen. Der Nabel ist mäßig weit und durchgehend. Die Mündung ist queroval, etwas nach rechts unten ausgezogen und vom vorletzten Umgang ausgeschnitten. Der letzte Umgang strebt kurz vor der Mündung tangential wenig ab. Mundrand scharf, nicht erweitert.

Beziehungen: Die im Wiener Becken vorkommende Form ist meist viel kleiner als die aus Mörsingen und Steinheim bekannte. Wahrscheinlich liegen mir nur wenig Adulti vor. GOTTSCHICK (1920: 33—34) unterscheidet von dem großen Typus (B = bis 14 mm), der in Steinheim nicht vorkommt, eine kleinere „forma" *recedens* und eine noch kleinere, stärker gewölbte „variatio" *erecta*. Aufgrund der großen Schwierigkeiten, selbst rezente

Aegopinellen zu unterscheiden, darf die Möglichkeit, daß es sich hier vielleicht um verschiedene Arten handelt, die vielleicht auch von der kleinen Form aus dem Wiener Becken getrennt sind, nicht ausgeschlossen werden. Außer den Größenunterschieden ergaben sich jedoch keine schalenmorphologischen Differenzen. Die Götzendorfer Exemplare gehören durchwegs dem großen Typus an. Nahe steht auch *Aegopinella lozeki* SCHLICKUM (1976: 61, Taf. 5, Fig. 34—35). Die nah verwandte rezente und pleistozäne *Aegopinella nitens* ist etwas weiter genabelt und ein wenig gedrungener.

Bemerkung: Wenn, wie SANDBERGER annimmt, subnitens nur eine Jugendform von orbicularis darstellt, hat orbicularis die Priorität.

Vorkommen: Unteres Obermiozän (Silvanaschichten): Mörsingen, Undorf bei Regensburg, Zwiefaltendorf; Sarmat: Steinheim; Pannon B/C: Lanzendorf, ? Mistelbach; Pannon D: Leobersdorf (Ziegelei); Pannon E: Vösendorf; Pont: Öcs; Pont F: Götzendorf: Pont G/H: ? Ebergassing; Pont H: Eichkogel, Richardshof.

Ökologie: W. An den Wald gebunden.

Gattung: *Oxychilus* FITZINGER, 1833
Untergattung: *Oxychilus* s. str.

Oxychilus (Oxychilus) procellarius (JOOSS)
Taf. 6, Fig. 2a—c

* 1918 *Hyalinia procellaria* n. sp. — JOOSS, 289
  1921b *Hyalinia (Hyalinia) procellaria* JOOSS - WENZ, 25
  1923 *Oxychilus (Oxychilus) procellarius* (JOOSS) - WENZ, 279
  1934 *Oxychilus (Oxychilus) procellaria* JOOSS - SOOS, 197
  1942 *Oxychilus (Oxychilus) procellarium* (JOOSS) - WENZ u. EDLAUER, 93
  1954 *Oxychilus procellarius* JOOSS - BARTHA, 179
· 1959 *Oxychilus procellarius* JOOSS - BARTHA, Taf. 17, Fig. 8—10

Typus: Naturkundemuseum Stuttgart.

Material: PA: 1 Exemplar aus Leobersdorf (Sandgrube), 3 aus Leobersdorf (Ziegelei); TO: eines aus Leobersdorf (Ziegelei), eines aus Leobersdorf (Lokalität unbekannt, leg. HANDMANN); GA: 5 aus Öcs.

Diagnose: Knapp unter der Naht schwach konkave Einbuchtung.

Beschreibung: H = etwa 3,5 mm; B = etwa 7,3 mm (adultes Exemplar?). Flach diskusförmig, Spira sehr schwach erhoben, Flanken leicht konkav. Größere Stücke haben bis über fünf Umgänge, meist jedoch weniger (Juvenilformen). Umgänge fast glatt, nur an der Oberseite schwache Anwachsstreifen, mäßig gewölbt. Direkt am Nahtansatz sind die Umgänge abgeflacht und leicht konkav (sehr charakteristisches Merkmal). Nabel ziemlich weit, durchgehend. Mündung queroval. Mundrand scharf, nicht erweitert. Meist werden nur mutmaßliche Jugendexemplare gefunden.

Beziehungen: *Oxychilus cellarius* (O. F. MÜLLER) hat einen etwas engeren Nabel. Meist fehlt ihm auch die Abflachung an der Naht. Von *Aegopinella orbicularis* durch die fast glatte Schale, die Abflachung an der Naht und die flachere Spira unterscheidbar.

Vorkommen: Unteres Obermiozän: Mörsingen; Sarmat: Steinheim; Pannon B/C: Leobersdorf (Sandgrube); Pannon D: Leobersdorf (Ziegelei); Pont: Öcs; Pont H: Eichkogel.

Ökologie: m. Mehr oder weniger euryök. In mäßig feuchten Wäldern und auch in relativ freiem Gelände unter Laub und zwischen Steinen.

Unterfamilie: Gastrodontinae
Gattung: *Zonitoides* LEHMANN, 1862

Zonitoides schaireri SCHLICKUM
Taf. 5, Fig. 6a—c

*· 1978 *Zonitoides (Zonitoides) schaireri* n. sp. — SCHLICKUM, 255, Taf. 19, Fig. 15

Typen: Holotypus: SMF 248665; Paratypen: Sammlung SCHLICKUM S 14801/2.
Material: Vier juvenile, ein fast erwachsenes Exemplar aus Velm (alle beschädigt).
Diagnose: Angedeutete Peripheriekante, weiter, relativ steil einfallender Nabel.
Beschreibung: H = 2,25 mm; B = 4,6 mm (größtes Exemplar). Gedrückt, Spira flachkonisch mit geraden Flanken. Größtes Exemplar mit $4^{1}/_{7}$ Umgängen. Embryonalschale mikroskopisch fein gekörnelt, vom Teleoconch nicht deutlich abgesetzt. Umgänge mäßig gewölbt mit zwei Krümmungsmaxima, und zwar etwa in der Mitte der Umgänge (bei Jugendexemplaren meist etwas nach oben verschoben) und rund um den steil einfallenden, weiten und tiefen Nabel. Die Umgänge tragen oben deutliche, ziemlich unregelmäßige Anwachsstreifen und sind unterseits fast glatt. Die Unterseite trägt eine mikroskopisch feine, nur bei schrägem Lichteinfall erkennbare Spiralskulptur. Die Umgänge nehmen mäßig an Breite zu und sind durch eine eingesenkte Naht getrennt. Die Mündung ist bei meinen Exemplaren stets stark beschädigt. Sie war aber vermutlich ungefähr queroval. Der Mundrand ist scharf und nicht erweitert.
Beziehungen: Diese Form unterscheidet sich durch die etwas rascher anwachsenden Umgänge undeutlich von pleistozänen *Zonitoides sepultus* LOZEK. Außerdem dürfte sie bei gleicher Umgangszahl etwas kleiner gewesen sein. Durch die charakteristische Peripherie-„kante" unterscheidet sich diese Form von allen anderen *Zonitoides*-Arten außer *sepultus*.
Vorkommen: Pont: Öcs; Pont G/H: Velm.
Ökologie: W. Der sehr nahe verwandte *Zonitoides sepultus* ist an Waldfaunen gebunden.

Nacktschnecken

Unter den Arioniden, Limaciden und Milaciden treten sicherlich mehrere Arten auf. Leider bieten die Kalkschildchen dieser Tiere, besonders wegen des Fehlens einer morphologischen Gesamtdarstellung dieser Gattungen, für eine seriöse Bestimmung zuwenig Anhaltspunkte, da bisher unbekannt ist, welche hartteilmorphologischen Eigenschaften für eine Bestimmung signifikant sind. Daher sind auch die in der paläontologischen Literatur angeführten Nacktschnecken-„arten" nur als Formtypen zu verstehen. LÖRENTHEY (1911: 94) schreibt darüber: „... ist vom Gesichtspunkte der Artbestimmung das unter dem Mantel befindliche Kalkschildchen nicht gehörig studiert, welches das alleinige Objekt des Paläontologen repräsentiert. Und eben deshalb dürfen die paläontologischen Artbestimmungen mit den auf dei Eingeweide und Sexualorgane basierten zoologischen Arten nicht als gleichwertig betrachtet werden." Wie schwierig die Bestimmung von fossilen Nacktschnecken ist, erweist sich z. B. dadurch, daß sich fossile „Arten" als Kalkkonkretionen herausstellten (siehe unter *Arion* sp.).

Familie: Milacidae
Unterfamilie: Milacinae
Gattung: *Milax* GRAY, 1855

Milax sp.
Taf. 5, Fig. 11a—b, 12a—c

? 1911 *Limax fonyodensis* nov. sp. LÖRENTHEY, 95, Taf. 3, Fig. 7—8
· 1942 *Milax (Milax) fonyodensis* (LÖRENTHEY) — WENZ u. EDLAUER, 94, Taf. 4, Fig. 14—15

Beschreibung: L=etwa 3,8 mm; B=etwa 2,3 mm. Relativ breit variierend. Dünne und dickere Formen. In der Region des Nucleus meist stärker verdickt. Nucleus wenig nach links verschoben, randständig. Die beiden Exemplare waren etwas kleiner. Solche Stücke kommen aber auch durchaus im Wiener Becken vor (besonders im Material vom Eichkogel).

Vorkommen: Pannon B/C: Leobersdorf (Sand- und Schottergrube); Pannon D: Leobersdorf (Ziegelei); Pont: Fonyodhegy bei Fonyod, Öcs; Pont H: Eichkogel.

Ökologie: W(f).

Familie: Limacidae
Unterfamilie: Limacinae
Gattung: *Limax* LINNE, 1758

Limax sp. (kleine Arten)
Taf. 5, Fig. 9a—b

? 1911 *Limax loczyi* nov. sp. — LÖRENTHEY, 96, Taf. 3, Fig. 9

Beschreibung: L=etwa 3 mm; B=etwa 1,5 mm; aber auch größer und breiter. Dünne und dickere Formen. An der Hinterseite meist deutliche Einkerbung. Nucleus deutlich nach links verschoben, randständig.

Vorkommen: Pannon B/C: Leobersdorf (Sand- und Schottergrube); Pannon D: Leobersdorf (Ziegelei); Pont F: Sollenau; Pont H: Eichkogel; Pannon: Peremarton; Pont: Zalaapaty.

Ökologie: m.

Limax sp. (große Art)
Taf. 5, Fig. 10a—b

Beschreibung: L=etwa 6,5 mm; B=etwa 4,6 mm. Größe bei den drei aufgefundenen Exemplaren ziemlich konstant. Oval bis stark stumpf viereckig. Unterschiedlich dick. Die dünneren Exemplare sind unterseits mehr oder weniger konkav. Der Nucleus liegt weniger seitlich verschoben als bei den kleineren Arten. Alle Exemplare gehören wahrscheinlich zu einer Art.

Vorkommen: Pont F: Götzendorf.

Ökologie: W(m).

Familie: Arionidae

Arion sp.
Taf. 5, Fig. 13a—b, 14a—b

Beschreibung: Reste fossiler *Arion*arten befinden sich in der TO und meiner Sammlung. Es handelt sich dabei um kleine (Durchmesser etwa 1,6—1,7 mm), rundliche, ungleichmäßig gewölbte Kalkkörper, die auf der einen Seite randlich oft eine Einkerbung zeigen und einen schaligen bis mosaikartigen Aufbau aufweisen. Daß es sich hier nicht wie bei „*Arion kinkelini*" WENZ (1911: 176, Abb. 2) und „*Arion hochheimensis*" WENZ (1911: 177) um Kalkkonkretionen handelt (WENZ und ZILCH 1960: 243) erhellt aus den teilweise deutlich erkennbaren Zuwachsstreifen.

Vorkommen: Pannon D: Leobersdorf (Ziegelei).

Ökologie: W.

Nacktschnecken gen. et sp. indet.

Beschreibung: Am Eichkogel fanden sich mehrere sehr dicke Kalkkörperchen, die einen nicht endständigen, ziemlich median liegenden Nucleus haben und sich durch die, wenn überhaupt vorhandene, dann nur geringe Wölbung der Unterseite vom Genus *Pachymilax* O. BOETTGER (1884) unterscheiden.

Vorkommen: Pont H: Eichkogel.

Oberfamilie: Achatinacea
Familie: Ferussacidae
Gattung: *Cecilioides Ferussac*, 1814
Untergattung: *Cecilioides* s. str.

Cecilioides (Cecilioides) aciculella (SANDBERGER)
Taf. 7, Fig. 1

* · 1875 *Caecilianella aciculella* SANDBERGER - SANDBERGER, 595, Taf. 29, Fig. 15
  1923 *Cecilioides (Cecilioides) aciculella* (SANDBERGER) - WENZ, 1088
  1967 *Cecilioides (Cecilioides) aciculella* (SANDBERGER) - SCHÜTT, 214
· 1976 *Cecilidoides (Cecilioides) aciculella* (SANDBERGER) - SCHLICKUM, 19, Taf. 5, Fig. 68

Typen: Ursprünglich in der Staatssammlung für Paläontologie und historische Geologie München. Im Zweiten Weltkrieg zerstört.

Material: TO: 2 Exemplare vom Eichkogel; LU: 1 Exemplar vom Eichkogel.

Diagnose: Sehr schlank, zylindrischer Habitus, stark konvexe Spindel, stumpfer Apex, 5 bis 6 Umgänge.

Beschreibung: H = 3,9—4,7 mm; B = 0,9—1,35 mm. Sehr schlank, Schale durchscheinend und dünn. Apex knopfförmig und sehr stumpf, Habitus zylindrisch, schwach nach oben verjüngend. Die Umgänge sind glatt mit äußerst feinen Anwachsstreifen und sehr schwachen Längsrillen. Knapp unter der Naht verläuft eine schwache Längsrille. Die Umgänge sind schwach gewölbt und durch eine deutliche Naht getrennt. Sie sind ziemlich steil gewunden. Die Spindel ist spiralig geschraubt und im Bereich der Mündung stark nach links gebogen, abgestutzt und einen deutlichen Ausguß bildend. Die Mündung ist schlank, birnförmig, oben spitz gewinkelt. Der freie Teil des Mundrandes ist scharf und in der Mitte etwas vorgezogen. Der Spindelrand geht als schwacher Kallus in eine dünne Parietalschwiele über, die in der Mitte eine undeutliche Erhebung zeigt und als Rudi- oder Oriment eines Parietalhöckers zu betrachten ist.

Beziehungen: Der als Nachfahre in Betracht kommende, rezente *Cecilioides acicula* (O. F. MÜLLER) hat einen spitzeren Apex und wirkt weniger zylindrisch.

Vorkommen: Unteres Obermiozän: Zwiefaltendorf; Sarmat: Steinheim, Hollabrunn; Pont H: Eichkogel.

Ökologie: Ox. Lebt an warmen, trockenen Standorten am Rasen oder an Kalkfelsen.

Familie: Subulinidae
Unterfamilie: Subulininae
Gattung: *Fortuna* SCHLICKUM u. STRAUCH, 1972

Fortuna clairi SCHLICKUM u. STRAUCH n. ssp.
Taf. 7, Fig. 2

· 1970 *Rumina seringi* (MICHAUD) - SCHLICKUM, 87 (pars), Abb. 5 (non 6—9)
* · 1972 *Fortuna clairi* n. sp. — SCHLICKUM u. STRAUCH, 72, Abb. 3—4
· 1972 *Fortuna* sp. — SCHLICKUM u. STRAUCH, 73, Abb. 5

Typen: Holotypus: SMF 221312; Paratypen: Laboratoire de Géologie de la Faculté des Sciences der Universität Dijon, SCH: S 12764.

Material: LU: 2 Exemplare mit abgebrochener Mündung vom Eichkogel.

Diagnose: Ziemlich plumpe Form mit stumpfem Apex und mäßig gewölbten Umgängen.

Beschreibung: Getürmt kegelförmig, sehr stumpfer Apex, Umgänge mäßig gewölbt mit feinen, unregelmäßigen Anwachsstreifen, die von einer zarten Spiralskulptur durchquert werden. Naht tief eingesenkt. Sehr knapp oberhalb der Naht befindet sich eine stumpfe Kante, die allerdings nur ersichtlich wird, wenn der darüberliegende Umgang entfernt wird. Mündung und Spindel sind bei meinen Exemplaren weggebrochen oder beschädigt. Auch SCHLICKUM und STRAUCH lagen nur Anfangsgewinde vor, so daß über die Mündung nichts gesagt werden kann.

Beziehungen: Diese Form unterscheidet sich von *Fortuna seringi* (MICHAUD, 1862) und der typischen *Fortuna clairi* durch einen größeren Windungswinkel, einen breiteren Apex und etwas mehr gewölbte Umgänge.

Vorkommen: Pont H: Eichkogel; Pliozän: Deckschichten der niederrheinischen Braunkohle.

Ökologie: ?x. U. a. in Gesellschaft trockenheitsliebender Arten.

Überfamilie:	Clausiliacea
Familie:	Clausiliidae (Erklärung der Mündungsarmatur siehe Abb. 5—7)
Unterfamilie:	Phaedusinae
Tribus:	Serrulineae
Gattung:	*Nordsieckia* TRUC, 1972

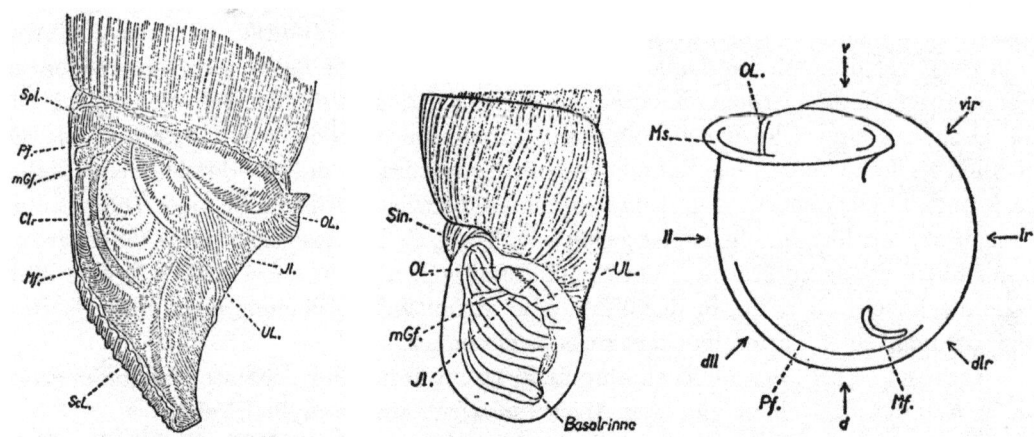

Abb. 4. Innere Armatur bei Clausilien (nach LOZEK, 1964) OL. — Oberlamelle, Jl. — Interlamellar, UL. — Unterlamelle, Scl. — Subcolumellaris, Mf. — Mondfalte, Cl. — Clausilium, mGf. — mittlere Gaumenfalte, Pf. — Prinzipalfalte, Spl. — Spirallamelle

Abb. 5. Mündung der Clausilien (nach LOZEK, 1964) Sin. — Sinulus, OL. — Oberlamelle, UL. — Unterlamelle, Jl. — Interlamelle, mGf. — mittlere Gaumenfalte

Abb. 6. Lagebezeichnung der Mündungsarmatur (nach LOZEK, 1964) v — ventral, d — dorsal, ll — lateral links, lr — lateral rechts, dll — dorsolateral links, dlr — dorsolateral rechts, vlr — ventrolateral rechts, Ms. — Mundsaum, Mf. — Mondfalte, Pf. — Prinzipalfalte

Nordsieckia fischeri pontica n. ssp.
Taf. 7, Fig. 7, 8a—c, 9—12

Ableitung des Namens: Nach dem Vorkommen im Pont.

Typisches Vorkommen: Eichkogel, Pont H.

Typen: Holotypus und Paratypen: PA.

Material: PA: Holotypus vom Eichkogel, 5 Exemplare ohne Spitze aus Leobersdorf (Sandgrube); LU: 2 beschädigte Exemplare aus Velm (leider beim Fotografieren zerstört) und mehrere Apicalteile; TO: 1 Mündungsstück vom Eichkogel und mehrere Apicalteile, 1 Exemplar vom Richardshof; ED: 1 Exemplar aus Vösendorf.

Diagnose: Glatt, kurz vor der Mündung gerunzelt, Prinzipalis bis in die Mündung reichend, ventrale Lunella.

Beschreibung: Spindelförmig, klein, schlank, leicht nach rechts konvex gebogen. Windungen leicht konvex, deutliche Anwachsstreifen, am letzten Umgang undeutlich berippt, knapp vor der Mündung Runzelrippen. Der Nacken ist gerundet. Mündung gerundet, birnförmig, der Sinulus deutlich und durch eine Einbuchtung oberhalb der Oberlamelle vom Parietalrand getrennt. Der Mundrand ist abgelöst, stark bis sehr stark verdickt und deutlich aufgebogen. Parallel zum Palatal- und Basalrand verläuft eine Innenlippe. Die Oberlamelle ist gut entwickelt und randständig, während die deutliche Unterlamelle nicht den Rand erreicht. Die schwach ausgebildete Subcolumellaris liegt tief innen und ist von außen nicht sichtbar. Die Prinzipalfalte endet — von außen gut sichtbar — deutlich hinter dem Palatalrand. Das Interlamellar ist glatt. Die mittlere Palatalfalte liegt ventral und ist sinusförmig geschwungen (Lunella). Die untere Palatalfalte ist sehr prominent und liegt ventrolateral rechts. Ob eine Spirallamelle vorhanden ist, konnte nicht festgestellt werden.

Verschiedentlich auftretende Apicalteile gehören wahrscheinlich zu dieser Art: Die ersten zwei Umgänge sind glatt, die weiteren mit etwas unregelmäßigen, leicht nach hinten gebogenen Rippen verziert.

Beziehungen: *Nordsieckia fischeri pontica* unterscheidet sich von *fischeri fischeri* (TRUC, 1972) aus dem Pliozän von Hauterive und Celleneuve durch das Fehlen einer Axialberippung auf den letzten Umgängen und die etwas querstehende mittlere Gaumenfalte.

Vorkommen: Pannon B/C: Leobersdorf (Sandgrube); E: Vösendorf; Pont G/H: Velm; Pont H: Eichkogel, Richardshof.

Unterfamilie: Clausiliinae
Gattung: *Clausilia* DRAPARNAUD, 1805
Untergattung: *Clausilia* s. str.

Clausilia (Clausilia) strauchiana NORDSIECK, 1972
Taf. 7, Fig. 14a—b

*· 1972 *Clausilia strauchiana* n. sp. — NORDSIECK, 172, Taf. 10, Fig. 19—23, Abb. 3—4

Typen: Holotypus: SMF 225215-8; Paratypen: SMF 225219; SCH: S 13048, S 13049.
Material: LU: Eine Mündung vom Eichkogel.

Diagnose: Ziemlich klein, kräftiger Nackenkiel und Begleitwulst. Interlamellar meist mit einer schwachen Falte, Unterlamelle gespalten.

Beschreibung: Ziemlich klein, letzter Umgang deutlich axial berippt, Nackenkiel sehr stark, von einer Nackenfurche begleitet. Die Mündung ist birnförmig mit einer basalen Rinne, Sinulus nicht deutlich abgesetzt. Mundsaum abgelöst, verdickt und aufgebogen. Die kräftige, randständige Oberlamelle ist mit der Spirallamelle verbunden. Die kräftige, fast randständige Unterlamelle spaltet einen unteren parallelen Ast ab, der ebenfalls kurz vor dem Mundrand endet. Am Interlamellar befindet sich eine kleine Falte. Subcolumellarlamelle bei senkrechtem Einblick nicht sichtbar. In der Mündung befindet sich oberhalb der Nackenfurche eine kräftige falsche Palatalfalte.

Beziehungen: Siehe *Clausilia voesendorfensis*.

Vorkommen: Pont H: Eichkogel; Pliozän: Deckschichten der niederrheinischen Braunkohle.

Ökologie: W(f). Im Wald, teilweise wahrscheinlich auf Felsen oder Steinen.

Clausilia (Clausilia) voesendorfensis (Papp u. Thenius)
Taf. 7, Fig. 13

v*· 1954 *Pseudidyla vösendorfensis* nov. spec. — Papp u. Thenius, 22, Taf. 4, Fig. 8a—b
v*· 1954 *Pseudidyla vindobonensis* nov. spec. — Papp u. Thenius, 23, Taf. 4, Fig. 5

Typus: Holotypus: NHM (Geologisch-paläontologische Abteilung, Sammlung Papp).

Material: Holotypus aus Vösendorf, Holotypus von *Pseudidyla vindobonensis* (ED: Acqu.-Nr. 37.672 als *Pseudidyla* sp. gekennzeichnet), ED: 5 als *Pseudidyla* sp. bezeichnete Mündungsbruchstücke und mehrere Apicalteile.

Diagnose: Starker Nackenwulst, Runzelrippen vor der Mündung, Interlamellar gefältelt, Unterlamelle gespalten.

Beschreibung: Deutliche Berippung, die vor der Mündung stärker wird (Runzelrippen). Starker Nackenwulst. Mündung mehr oder weniger abgerundet quadratisch-birnförmig mit breitem Sinulus. Mundrand aufgebogen, zusammenhängend. Alle Lamellen randständig. Oberlamelle relativ schwach, mit der Spirallamelle verbunden. Unterlamelle stark, in zwei Äste gespalten, nach unten gekrümmt. Am Interlamellar liegen bis zu drei schwächere Falten, von denen die oberen beiden reduziert sein können. Die Subcolumellarlamelle verflacht vor dem Mundrand. Zwischen ihr und der Unterlamelle liegen weitere meist schwache, teilweise kaum erkennbare Falten. Dem Nackenwulst entspricht innen ein deutlicher Gaumenwulst. Die obere Gaumenfalte verläuft knapp unterhalb der Naht und reicht tief in das Gehäuseinnere hinein. Die mittlere Gaumenfalte liegt fast dorsal und ist sehr kurz. Die untere Gaumenfalte geht in den Gaumenwulst über und ist meist sehr deutlich.

Beziehungen: Außer *Clausilia strauchiana* hat diese Art erst im Pliozän vergleichbare Verwandte, die sich aber deutlich unterscheiden. *Clausilia strauchiana* hat eine schmälere Mündung, eine geringere Tendenz zur Ausbildung von Sekundärfalten und als augenfälligster Unterschied im Gegensatz zu *voesendorfensis* keinen deutlich abgesetzten Sinulus.

Vorkommen: Pannon E: Vösendorf.

Familie: Triptychiidae
Gattung: *Triptychia* Sandberger, 1875

? Triptychia sp.

Beschreibung: Nicht selten finden sich an manchen Fundorten Apicalteile von Triptychien, die aufgrund ihrer Skulptur und der Ausbildung von Lamellen im Juvenilteil der Schale wahrscheinlich zu *Triptychia* gehören.

Vorkommen: Pannon B/C: Leobersdorf (Schottergrube); Pannon E: Föllig; Pont G/H: Ebergassing, Velm; Pont H: Richardshof.

Bemerkung: Bei einem Exemplar aus Ebergassing wurde eine Subsuturalrille festgestellt, was unter Umständen zu einer Einordnung zu *Triptychia (Milneedwardsia)*, und zwar zur Gruppe der *lageti* Truc, berechtigen würde.

Untergattung: *Triptychia* s. str.

Triptychia (Triptychia) limbata (Sandberger) n. ssp.
Taf. 8, Fig. 7

ähnlich * 1875 *Clausilia (Triptychia) limbata* Sandberger - Sandberger, 703
       ? 1885 *Clausilia limbata* Sandb. - Sandberger, 393

Typus: Ehemals in der Staatssammlung für Paläontologie und historische Geologie München. Im Zweiten Weltkrieg zerstört.

Material: TO: 1 Mündungsexemplar aus Leobersdorf (Schottergrube).

Diagnose: Große *Triptychia* mit feinen, aber regelmäßigen Querrippen und einem aus zwei knapp unter der Naht befindlichen Längsrillen gebildeten Spiralband.

Beziehungen: Vom Typus unterscheidet sich das einzige Exemplar durch sehr feine Axialrippen am letzten Umgang. Die Innenlippe ist hier stärker ausgebildet als bei *leobersdorfensis*, die Mündung ist breiter und die Lamellen schwächer entwickelt, insbesondere die Oberlamelle. Die Form ist auch wesentlich größer als *leobersdorfensis*. Eine ähnliche Form wird von Hollabrunn genannt (PAPP, 1974: 387, Taf. 18, Fig. 3a—b).

Vorkommen: Sarmat: ? Ungarn; Pannon B/C: Leobersdorf (Schottergrube).

Ökologie: ? h.

Triptychia (Triptychia) leobersdorfensis (TROLL)
Taf. 8, Fig. 5—6

* 1907 *Clausilia (Triptychia) Leobersdorfensis* n. sp. — TROLL, 77, Taf. 2, Fig. 11—12
v? 1911 *Triptychia Boettgeria* nov. sp. — LÖRENTHEY, 104
1921b *Triptychia (Triptychia) leobersdorfensis* (TROLL) - WENZ, 27
1923 *Triptychia (Triptychia) leobersdorfensis* (TROLL) - WENZ, 814
• 1928 *Triptychia leobersdorfensis* — KÄUFEL, 139, Taf. 2, Fig. 5

Typus: Naturgeschichtliche Sammlung des Kollegium Kalksburg bei Wien.

Material: TO: Zahlreiche Exemplare aus Leobersdorf (Ziegelei); PA: 3 vollständige und mehrere bruchstückhafte Stücke aus Leobersdorf (Ziegelei); LU: 10 beschädigte Stücke aus Leobersdorf (Ziegelei), eines aus Leobersdorf.

Diagnose: Mittelgroße Form mit deutlicher Ober-, Unter-, Subcolumellar- und Spirallamelle.

Beschreibung: H = etwa 35—40 mm. Schlank turmförmig. Umgänge wenig gewölbt, gleichmäßig an Breite zunehmend. Protoconch (2—3 Umgänge) glatt. Die weiteren Umgänge durch gerade nach links geneigte Rippen verziert. Diese werden etwa ab dem zwölften Umgang feiner und engstehender. Ihre Abstände werden allmählich unregelmäßiger, sodaß sie am letzten Umgang nur noch wie starke Anwachsstreifen erscheinen. Die Umgänge sind durch deutlich vertiefte Nähte getrennt. Der letzte Umgang erscheint etwas aufgebläht. Kein Nackenkiel. Mündung birnförmig gerundet, parietal wenig abgelöst. Sinulus lang ausgezogen und sehr spitzwinkelig. Mundsaum leicht verdickt und aufgebogen. Parallel zum äußeren Mundrand verläuft innen ein nach unten kräftiger werdender Gaumenwulst bis zum unteren Mundrand. Ober- und Spirallamelle deutlich und verbunden (entgegen der Behauptung von KÄUFEL). Oberlamelle wenig vor dem Mundrand endigend, ebenso wie die kräftige Spiral- und Subcolumellarlamelle. Keine Palatalfalten, Interlamellar glatt. Weder Mondfalte noch Clausilium.

Beziehungen: *Triptychia grandis* (KLEIN, 1846) unterscheidet sich lediglich durch die bis zum Mundrand reichende Subcolumellarlamelle ebenso wie *Triptychia bacillifera* (SANDBERGER, 1875), die wahrscheinlich mit *grandis* synonym ist. *Triptychia obliqueplicata* (SANDBERGER, 1875) ist im Durchschnitt etwas größer (über 40 mm) und besitzt keine schiefstehenden Rippen, sondern senkrechte. *Triptychia (Milneedwardsia) lageti schultzi* n. ssp. ist viel größer und weist eine bereits leicht reduzierte Oberlamelle auf. Die Skulptur ist jedoch nahezu gleich ausgebildet. Allerdings tritt bei *schultzi* stellenweise eine Längsskulptur in Form einer knapp unter der Naht verlaufenden Rille auf, die bei Bruchstücken als Unterscheidungsmerkmal herangezogen werden kann. *Triptychia helvetica* (C. MAYER) aus dem Obermiozän hat ein tonnenförmiges Gehäuse und ist plumper (JOOSS, 1910: 24).

Triptychia limbata (SANDBERGER) ist ebenfalls größer. Subcolumellarlamelle und Oberlamelle stehen deutlich steiler zur Spindel als bei *leobersdorfensis*.

Vorkommen: Pannon B/C: Lanzendorf; Pannon D: Leobersdorf (Ziegelei); Pont F/G?: Sollenau (TROLL, 1907: 78, Taf. 2, Fig. 12); Pont ?: Fonyod.

Ökologie: Wh. Wahrscheinlich in feuchten Auwäldern lebend.

Untergattung: *Milneedwardsia* BOURGUIGNAT, 1877

Triptychia (Milneedwardsia) lageti schultzi n. ssp.
Taf. 8, Fig. 1—4

Ableitung des Namens: Nach Herrn Dr. ORTWIN SCHULTZ, der mich in freundlichster Weise in die Paläontologie eingeführt hat.

Typisches Vorkommen: Götzendorf, Pont F.

Typen: Holotypus und Paratypen: NHM (Molluskenabteilung, Inv. Nr. 81.225), Paratypen: LU.

Material: 7 Bruchstücke aus Götzendorf.

Diagnose: Primitive, sehr große *Milneedwardsia* mit noch erkennbarer Oberlamelle und Spirallamelle.

Beschreibung: H = mehr als 50 mm. Bauchig turmförmig, Umgänge wenig gewölbt. Der untere Teil des Gehäuses ist gegenüber dem oberen durch eine Zone stärkerer Breitenzunahme abgesetzt. Die ersten 2—3 Umgänge sind glatt, die weiteren mit geraden, nach links geneigten, deutlichen Rippen verziert, die auf den letzten Umgängen immer enger und undeutlicher werden und schließlich wie Anwachsstreifen wirken. Auf den letzten Umgängen kommt meist wenig unterhalb der Naht eine Spiralrille hinzu. Oberhalb dieser Rille können die Rippen knötchenförmige Formen ausbilden. Letzter Umgang etwas aufgebläht, ohne Nackenwulst. Mündung birnförmig gerundet. Sinulus schmal, spitzwinkelig und lang ausgezogen. In der Mündung verläuft palatal und basal ein deutlicher Wulst parallel zum Mundrand. Der Mundrand ist leicht verdickt und parietal abgelöst. Keine der drei Lamellen erreicht den Mundrand. Die schwache Ober- und die Spirallamelle sind verbunden. Unter- und Subcolumellarlamelle deutlich. Keine Palatalfalten, Interlamellar glatt, weder Mondfalte noch Clausilium.

Beziehungen: *Triptychia lageti* TRUC (1972) aus dem französischen Vallesium besitzt nur eine kurze, fast völlig reduzierte Spirallamelle. Sie ist außerdem etwas kleiner und schmäler, und die Oberlamelle ist etwas stärker. *Triptychia lageti schultzi* n. ssp. ist entweder als geographische Rasse aufzufassen oder als Nachfahre von *lageti*. *Triptychia terveri* (MICHAUD) weist nur noch einen schwachen Höcker als Oberlamelle auf, ihre Spirallamelle ist reduziert. In der Skulptur sind die drei Formen nahezu identisch, besonders die Subsuturalrille ist ein verbindendes Merkmal. Abgesehen von der Subsuturalrille stimmt die Skulptur auch mit der von *Triptychia leobersdorfensis* überein.

Bemerkung: *Triptychia (Milneedwardsia) lageti* TRUC (1972) steht am Beginn der Entwicklung zur Typusart der Untergattung, nämlich *Triptychia terveri*. Diese Entwicklung zeigt eine Größenzunahme und eine Reduktion der Oberlamelle. *Triptychia lageti schultzi* nimmt hinsichtlich beider Merkmale eine Zwischenstellung ein, besitzt jedoch im Gegensatz zu *lageti lageti* und *terveri* eine relativ ausgeprägte Spirallamelle. Wie dieses Merkmal zu bewerten ist, kann ich vorläufig nicht sagen.

Vorkommen: Pont F: Götzendorf.

Ökologie: WHh. Charakteristisches Fossil des Feuchtigkeitsmaximums im unteren Pont.

Untergattung: nov. subgen.

Von den anderen Untergattungen von *Triptychia* durch die Entwicklung eines deutlichen Nackenwulstes unterschieden. Mündungsarmatur entspricht der typischen Untergattung. Da nur ein stark beschädigtes Stück vorliegt, ist eine Benennung der Untergattung noch nicht sinnvoll.

Triptychia (nov. subgen.) n. sp.
Taf. 8, Fig. 8a—b

Material: LU: Ein Mündungsbruchstück aus Velm.

Beschreibung: Mündungshöhe 7,2 mm. Die letzte Windung ist stark skulptiert durch axial verlaufende, sich verzweigende Rippen. Ein deutlicher Nackenwulst bedingt die Ausbildung eines flachen Ausgusses direkt unterhalb der Subcolumellarlamelle. Sinulus hoch hinaufgezogen. Mundrand leicht abgelöst. Ober- und Spirallamelle verbunden, deutlich und bis an den Mundrand reichend. Desgleichen Unter- und Subcolumellarlamelle. Interlamellar glatt, keine Palatallamelle.

Beziehungen: Die Ausbildung des Nackenwulstes ist wohl als Primitivmerkmal zu bewerten. In der Skulptur ähnelt die Form *Triptychia antiqua* (ZIETEN), die ebenfalls verzweigte Rippen, jedoch keinen Nackenwulst aufweist. Einen näheren Vergleich läßt das einzige Bruchstück jedoch nicht zu.

Vorkommen: Pont G/H: Velm.

Oberfamilie: Oleacinacea
Familie: Oleacinidae
Unterfamilie: Oleacininae
Tribus: Euglandineae
Gattung: *Pseudoleacina* WENZ, 1914
Untergattung: *Pseudoleacina* s. str.

Pseudoleacina (Pseudoleacina) eburnea (KLEIN)
Taf. 7, Fig. 15—16

* 1853 *Glandina (Achatina) eburnea* mihi — KLEIN, 213, Taf. 5, Fig. 10
· 1875 *Oleacina eburnea* KLEIN - SANDBERGER, 606, Taf. 29, Fig. 33
? 1887 *Bulla* sp. — HANDMANN, 4
  1904 *Oleacina* cf. *eburnea* KLEIN - HANDMANN, 48
  1907 *Oleacina eburnea* KLEIN - TROLL, 70
· 1911 *Oleacina (Boltenia) Hildegardiae* GOTTSCHICK - GOTTSCHICK, 498, Taf. 7, Fig. 1
  1921b *Poiretia (Pseudoleacina) eburnea* (KLEIN) - WENZ, 27
  1923 *Poiretia (Pseudoleacina) eburnea eburnea* (KLEIN) - WENZ, 857
  1923 *Poiretia (Pseudoleacina) eburnea hildegardiae* (GOTTSCHICK) - WENZ, 858
? 1928 *Poiretia (Pseudoleacina) eburnea hildagardiae* (GOTTSCHICK) - WENZ, 6

Typus: Naturkundemuseum Stuttgart.

Material: TO: 3 Exemplare aus Leobersdorf (Heilsamer Brunnen), eines aus Leobersdorf (Ziegelei); LU: 1 juveniles Exemplar und mehrere Bruchstücke aus Velm.

Diagnose: Länglich oval, im Laufe der Ontogenie länglicher werdend. Sehr feine Spiralriefung.

Beschreibung: Größe unterschiedlich, bis über 1 cm. Länglich oval. Apex stumpf. Bis zu fünf mehr oder weniger gewölbte, glatte, glänzende, mit verschwommenen Anwachsstreifen versehene Umgänge. Naht seicht, ungenabelt. Mündung länglich tropfenförmig. Mundrand scharf, nicht zusammenhängend. Spindel konkav, abgestutzt, einen Ausguß bildend.

Beziehungen: Diese Art ist ziemlich variabel. Schon geringfügige Unterschiede in der Wölbung der Umgänge verändern den Habitus sehr stark. So kommen gerundet-ovale, aber auch mehr zylindrisch-längliche Formen zustande (*hildegardiae*-Form). Überdies ändert sich das Aussehen im Laufe des Wachstums. Bei Juvenilexemplaren ist die Mündung gegenüber der Gehäusehöhe sehr hoch, während bei zunehmendem Wachstum die Mündung relativ niedriger wird. Daher erscheinen adulte Stücke auch wesentlich schlanker. Die Meinung von GOTTSCHICK (1911: 499), *Pseudoleacina eburnea* habe keine Spiralskulptur, trifft nicht zu. Somit fällt das wichtigste Unterscheidungsmerkmal von *hildegardiae* weg. Sehr ähnlich und zweifelsohne nahe verwandt ist *Pseudoleacina neglecta* (REUSS) aus dem Eggenburgium von Tuchorschitz. Die Zone der größten Breite ist bei dieser Art jedoch mehr nach oben verschoben.

Vorkommen: Unteres Obermiozän (Silvanaschichten): Mörsingen, Zwiefaltendorf; Sarmat: Steinheim; Pannon D: Leobersdorf (Heilsamer Brunnen, Ziegelei); Pannon E: Vösendorf; Pont G/H: Velm.

Ökologie: WH.

Familie:	Testacellidae
Unterfamilie:	Testacellinae
Gattung:	*Testacella* DRAPARNAUD, 1801

Testacella sp.
Taf. 7, Fig. 17a—b

Beschreibung: H = 1,38 mm; B = 2,35 mm. Das einzige mir vorliegende Exemplar ist länglich eiförmig mit einem Viertel äußerst rasch an Breite zunehmenden Umgang. Spira flach, Schale sehr dick. Innen und außen sekundäre Kalkanlagerungen. Mündung sehr groß, schief und fast horizontal. Mundrand scharf, unten nach innen umgeschlagen.

Vorkommen: Pannon D: Leobersdorf (Ziegelei).

Oberfamilie:	Helicacea
Familie:	Helicidae
Unterfamilie:	Helicellinae
Tribus:	Monacheae
Gattung:	*Monacha* FITZINGER, 1833
Untergattung:	*Platytheba* PILSBRY, 1895

? *Monacha (Platytheba)* sp.

Das Fragment eines scharf gekielten, sehr eng genabelten Gastropoden möchte ich aufgrund dieser Merkmale zur Untergattung *Platytheba* stellen.

Vorkommen: Pannon D: Leobersdorf (Ziegelei).

Unterfamilie: Hygromiinae
Gattung: *Leucochroopsis* O. BOETTGER, 1908

Leucochroopsis kleini (KLEIN)
Taf. 16, Fig. 1a—c, 2a—c; Taf. 15, Fig. 6

* · 1846 *Helix Kleinii* KRAUSS - KLEIN, 69, Taf. 1, Fig. 8
· 1875 *Helix (Zenobia) carinulata* SANDBERGER - SANDBERGER, 587, Taf. 29, Fig. 2
· 1907 *Helix (Fruticicola?) moedlingensis* n. sp. — SCHLOSSER, 765, Taf. 17, Fig. 19—21
 1923 *Trichia (Leucochroopsis) kleini kleini* (KLEIN) - WENZ, 429
 1967 *Leucochroopsis kleini kleini* (KLEIN) - SCHÜTT, 218
· 1976 *Leucochroopsis kleini* (KLEIN) - SCHLICKUM, 15, Taf. 3, Fig. 52

Typus: Holotypus: Naturkundemuseum Stuttgart.

Material: TO: 6 Exemplare aus Leobersdorf (Ziegelei), zahlreiche aus Öcs, zahlreiche aus Mörsingen; PA: 2 aus Mörsingen, zahlreiche vom Eichkogel, eines aus Leobersdorf (Ziegelei); LU: zahlreiche vom Eichkogel, 2 aus Velm, 1 Bruchstück aus Hennersdorf, zahlreiche beschädigte aus Götzendorf.

Diagnose: Spira niedrig kegelförmig, mit geraden Flanken, Nabel stichförmig. Unter dem oberen Drittel der Umgänge stumpfer Kiel.

Beschreibung: H = 5,8—7 mm; B = 8—9,5 mm. Die ungarischen Formen sind zum Teil etwas kleiner. Niedrig kegelförmig, Flanken gerade. Etwa 4¾ bis 5 oberseits wenig gewölbte, fast flache Umgänge. Unterseits mittelmäßig gewölbt. Über der halben Höhe der Umgänge verläuft eingerundeter, aber deutlicher Spiralkiel, der sich bis ganz zur Mündung fortsetzt. Die Mündung ist leicht schief und halbmondförmig. Mundrand scharf, nicht umgebogen und innen belippt. Er verläuft gerundet bis zum umgeschlagenen Spindelrand. Dieser verdeckt zum Großteil den stichförmigen Nabel, der etwas eingesenkt ist. Die Umgänge sind mit einer netzförmigen, regelmäßigen Anordnung feiner Papillen verziert. Eine für die Gattung typische Längslinienskulptur konnte ich nicht feststellen. Dennoch hege ich aufgrund der Schalenform keinen Zweifel, daß es sich hier um eine Art der Gattung *Leucochroopsis* handelt.

Bemerkung: SCHLOSSER (1907: 765) beschreibt eine *Helix moedlingensis*. Ihm lagen nur Steinkerne vor, die abgesehen vom Habitus kein charakteristisches Merkmal dieser Art zeigen, weil die Erhaltung sehr schlecht ist. Mir liegen jedoch vom Eichkogel Exemplare vor, die zusammen mit dem typischen Habitus auch andere Arteigenschaften dieser Form besitzen. Ich zweifle daher nicht, daß SCHLOSSERS Art in die Synonymie von *kleini* gehört.

Vorkommen: Unteres Obermiozän: Zahlreiche Fundorte; Sarmat: Hollabrunn; Pannon D: Leobersdorf (Ziegelei); Pannon E: Vösendorf, Hennersdorf; Pont: Öcs; Pont F: Götzendorf; Pont G/H: Velm; Pont H: Eichkogel.

Ökologie: W(h).

Unterfamilie: Campylaeinae
Gattung: *Galactochilus* SANDBERGER, 1875

Galactochilus leobersdorfensis (TROLL)
Taf. 13, Fig. 5a—c

? 1902 *Helix Oddoi* n. sp. — BRUSINA, Taf. 1, Fig. 1—2 (nom. dub.)
? 1902 *Helix Pilari* n. sp. — BRUSINA, Taf. 30, Fig. 1 (nom. dub.)
? 1902 *Helix Gjalski* n. sp. — BRUSINA, Taf. 30, Fig. 2—3 (nom. dub.)
* · 1907 *Helix Leobersdorfensis* n. sp. — TROLL, 74, Taf. 2, Fig. 10a—d
 1921 *Galactochilus leobersdorfensis* (TROLL) - C. R. BOETTGER u. WENZ, 17
 1923 *Galactochilus leobersdorfense* (TROLL) - WENZ, 494

Typus: Holotypus: Naturgeschichtliche Sammlung des Kollegium Kalksburg bei Wien.

Material: NHM (Geologisch-paläontologische Abteilung, Pannonsammlung): 13 Exemplare aus Leobersdorf (Ziegelei); TO: zahlreiche, meist beschädigte Exemplare aus Leobersdorf (Ziegelei), 1 Stück aus Sollenau; LU: 1 Exemplar aus Leobersdorf (Ziegelei).

Diagnose: Bauchig, abgestumpft kegelförmig, Mundrand stark verdickt, mäßig weiter Nabel etwa zur Hälfte verdeckt.

Beschreibung: H = 32—35 mm; B = 40—44 mm. Bauchig, gerundet kegelförmig, Apex sehr stumpf. Der etwas mehr als einen Umgang umfassende Protoconch ist glatt und kaum abgesetzt. Etwa 5 flach gewölbte Umgänge. Feine, aber deutlich erkennbare Anwachsstreifen. Bei zwei Exemplaren wurde etwas oberhalb, bei einem Stück ober- und unterhalb der Peripherie ein etwa 1—2 mm breites Längsband beobachtet, das aus vielen engen Querstrichen besteht und möglicherweise auf eine Bänderung zurückzuführen ist. Auf der Mündungshöhe strebt der letzte Umgang tangential ab. Kurz vor der Mündung sinkt er etwas ab und ist stark eingeschnürt. Mündung hufeisenförmig und schief. Mundrand verdickt und umgeschlagen. Nabel mäßig weit und tief, vom Spindelrand halb bedeckt.

Beziehungen: Die Stücke von BRUSINA (1902) sind sehr stark beschädigt, so daß Vergleiche keine eindeutigen Ergebnisse erbringen. Seine Exemplare stammen aus dem kroatischen Pannon. Der sarmatische *Galactochilus sarmaticus* GAAL ist deutlich flacher, sein Nabel verschlossen. *Galactochilus silesiacus* (ANDREAE) ist in der Form sehr ähnlich, hat jedoch einen verdeckten Nabel.

Vorkommen: Pannon: ? Kroatien; Pannon D: Leobersdorf (Ziegelei, Heilsamer Brunnen); Pont F/G: Sollenau.

Ökologie: ?m. *Galactochilus leobersdorfensis* kommt in Gemeinschaft mit einigen trockenheitsliebenden Arten vor. In stark feucht beeinflußten Gebieten (pontische Kohlenflöze) war er anscheinend besonders selten. Er wird sowohl in kompletten oder in situ verdrückten Stücken als auch in Bruchstücken gefunden. Sein Verbreitungsgebiet war daher nicht nur auf den Uferbereich beschränkt. Im Hinterland muß in der Zone D jedoch mit einer gewissen Trockenheit gerechnet werden, die sich in der Schalendicke und den Mundrandverstärkungen auswirkt. Das Aussterben dieser an warme, zeitweise trockene Klimate angepaßten Gattung in Mitteleuropa ist wahrscheinlich auf ihr Unvermögen zurückzuführen, bei Einsetzen der Klimaverschlechterung die Alpenbarriere zu überwinden.

Gattung: *Tropidomphalus* PILSBRY, 1895
Untergattung: *Pseudochloritis*, C. R. BOETTGER, 1908

Tropidomphalus (Pseudochloritis) gigas PAPP
Taf. 12, Fig. 4a—c; Taf. 13, Fig. 4; Taf. 16, Fig. 5

? 1929 *Tropidomphalus (Pseudochloritis) gigas* PFEFFER, 76 (nom. dub.)
* 1951a *Tropidomphalus (Pseudochloritis) gigas* PFEFFER - PAPP, 63, Abb. auf S. 64
  1957 *Tropidomphalus (Pseudochloritis) gigas* PFEFFER - PAPP, 87, Abb. 2
· 1974 *Tropidomphalus (Pseudochloritis) gigas* PFEFFER - PAPP, (in BRESTENSKA), 389, Taf. 18, Fig. 2

Typen: Holotypus und 5 Paratypen: PA.

Material: LU: 20, teilweise beschädigte Typen aus Lanzendorf, 1 Exemplar aus Hollabrunn, 8 beschädigte Stücke aus Hauskirchen; PA: Holotypus und 5 Paratypen aus Hollabrunn.

Diagnose: Größte Art der Untergattung, Gehäuse meist abgeflacht.

Beschreibung: H = 18—25 mm; B = 29—36 mm. Habitus gedrückt rundlich bis flach-rundlich. Spira mäßig gewölbt bis wechselnd leicht abgeflacht, oft gewölbt schildförmig. Protoconch nicht abgesetzt. 4¾ bis 5½ mäßig gewölbte Umgänge, deutlich anwachsgestreift, am letzten Umgang manchmal rippenstreifig. Letzter Umgang kurz vor der Mündung eingeschnürt und wechselnd steil absteigend. Mündung schief (35—45 Grad zur Gehäuseachse) und laterobasal leicht ausgezogen, abgestutzt eiförmig. Mundrand oben und seitlich winkelig bis gerundet aufgebogen und unten umgeschlagen, verdickt. Spindelrand vom Basalrand meist durch einen stumpfen Knick getrennt. Der umgeschlagene Spindelrand verdeckt etwa die Hälfte des mäßig weiten, zylindrischen Nabels.

Beziehungen: Diese Art leitet sich von *Tropidomphalus zelli zelli* (KURR) ab. Sie gleicht ihm besonders in der Ausbildung der Mündung und der Nabelregion. Die Höhe der Spira ist verhältnismäßig variabel, es überwiegen jedoch die abgeflachten Formen, die bei den typischen süddeutschen und hessischen sarmatischen Populationen des *Tropidomphalus zelli* fehlen. Im Sarmat des Wiener Beckens und der Molassezone (Nexing, Hollabrunn, Bullendorf usw.) finden sich jedoch gelegentlich Formen, die unserer Art durchaus entsprechen und wahrscheinlich subspezifisch vom *Tropidomphalus zelli* abzutrennen sind und alle Übergänge zum Typus aufweisen. Diese Formen haben eine Tendenz zu vermehrtem Größenwachstum, die im Unterpannon ihr Maximum erreicht. Es liegt somit eine kontinuierliche Entwicklung unserer Art aus *zelli zelli* vor. Ob die Tropidomphali aus Kärnten (PAPP, 1951a u. 1957) ebenfalls zu dieser Art zu rechnen sind, ist aufgrund des schlechten Erhaltungszustandes fraglich. Die Größe mancher Exemplare ist jedenfalls übereinstimmend. PFEFFER (1929: 76) beschreibt einen *Tropidomphalus gigas*, ohne ihn abzubilden oder Typen zu bezeichnen. Er nennt als maximale Größe 45 mm Durchmesser, rechnet allerdings auch *Galactochilus*-Arten hinzu. Jedenfalls macht die mangelhafte Beschreibung und das Fehlen einer Abbildung eine eindeutige Bestimmung unmöglich. PAPP (1951 und 1957) identifiziert die Tropidomphali aus dem Sarmat Kärntens mit PFEFFERS Art. PAPPS Tropidomphali sind allerdings wesentlich kleiner als die in der PFEFFERschen Beschreibung angegebenen Landschnecken. Auch der aus dem ostösterreichischen Sarmat angegebene *Tropidomphalus gigas* (PAPP, 1974) ist kleiner. Somit ist die Übereinstimmung mit der PFEFFERschen Art sehr zweifelhaft. Da diese ohnehin ein Nomen dubium ist, hat PAPP die Priorität.

Tropidomphalus zelli depressus WENZ ist wesentlich kleiner, und seine Mündung ist mehr in die Quere gezogen. Er ist auch mehr abgeflacht. *Tropidomphalus incrassatus* (KLEIN) ist kleiner, rundlicher und besitzt einen weniger verdeckten Nabel. *Tropidomphalus richarzi* (SCHLOSSER) ist viel kleiner und rundlicher, seine Spira ist spitzer.

Vorkommen: Sarmat: Kärnten, Molassezone; Unterpannon B/C: Lanzendorf, Hauskirchen.

Ökologie: m. Sehr häufig zusammen mit Cepaeen, deren Schalenmorphologie eine Trockenperiode anzeigt. Lebte wahrscheinlich in trockeneren Bereichen der Uferregion, vielleicht in Kraut- und Strauchvegetation.

Tropidomphalus (Pseudochloritis) zelli depressus WENZ
Taf. 11, Fig. 1a—b; Taf. 12, Fig. 5a—c; Taf. 16, Fig. 4

*· 1927 *Tropidomphalus (Pseudochloritis) zelli depressus* n. sp. — WENZ, 45, Taf. 2, Fig. 1
1974 *T. (P.) zelli depressus* WENZ - PAPP (in BRESTENSKA), 389

Typus: Die Sammlung WENZ wurde im Zweiten Weltkrieg zerstört.
Material: TO: Zahlreiche, teilweise beschädigte Exemplare aus Leobersdorf (Ziegelei), 3 beschädigte Stücke aus Fonyod, 1 Bruchstück aus Sollenau; PA: 4 aus Leobersdorf (Ziegelei); ED: 1 beschädigtes Stück aus Guntramsdorf, 2 beschädigte Exemplare

vom Küniglberg; LU: 1 Exemplar aus Leobersdorf (Ziegelei), zahlreiche, meist beschädigte aus Götzendorf, 2 fragliche Fragmente aus Mistelbach.

Diagnose: Gedrückt kugelig, Nabel teilweise verdeckt, Mündung in die Quere gezogen.

Beschreibung: H = 13,5—18 mm; B = 24—31 mm. Flach kugelig, Spira wenig gewölbt, sehr stark abgestumpft. 4½ bis 5 (meist 4¾) leicht konvexe Umgänge. Entlang der Peripherie kann eine sehr stark gerundete Kante verlaufen, die das Gewinde noch depresser erscheinen läßt. Der letzte Umgang strebt kurz vor der Mündung tangential ab. Die Windungen tragen deutliche Anwachsstreifen, die partienweise den Eindruck einer regelmäßigen Rippenskulptur erwecken können. Kurz vor der Mündung steigt der letzte Umgang unterschiedlich stark ab und ist etwas eingeschnürt. Die Mündung ist abgestutzt queroval. Sie steht um so schiefer, je mehr das Gehäuse zusammengedrückt ist. Der verdickte Mundrand ist aufgebogen und unterseits umgeschlagen. Der Spindelrand ist am Ansatz verbreitert und durch eine dünne Parietalschwiele mit dem Oberrand verbunden. Spindelrand und Basalrand durch einen sehr stumpfen, oft kaum wahrnehmbaren Knick getrennt. Der mäßig weite, tiefe Nabel wird teilweise vom Spindelrand verdeckt.

Beziehungen: *Tropidomphalus incrassatus* hat eine noch flachere Spira, der Nabel ist zum Großteil unverdeckt, die Mündung rundlicher. *Tropidomphalus richarzi* ist kleiner, gedrungener, die Spira ist spitzer und höher, die Mündung rundlicher. *Tropidomphalus zelli zelli* (KURR) hat zwar eine ebenso flache Spira, er ist jedoch höher, weil die Umgänge selbst höher sind. Dadurch ist auch die Mündung rundlicher und mehr laterobasal und weniger in die Quere ausgezogen. *Tropidomphalus abrettensis* ist noch flacher als *zelli depressus*, seine Spira ist fast eben, der Mundrand mehr umgeschlagen, seine Umgänge nehmen rascher an Breite zu. Auch ist er kleiner. Es läßt sich also in der Entwicklung von *zelli zelli* über *zelli depressus* nach *abrettensis* eine Tendenz zur Abflachung erkennen, die gleichzeitig mit einer Verlagerung des Lebensraumes nach Südosten einhergeht. *Tropidomphalus gigas* ist wesentlich größer und seine Mündung ähnlich *zelli zelli* mehr nach laterobasal ausgezogen.

Vorkommen: ? Pannon C: Mistelbach; Pannon D: Leobersdorf (Ziegelei); Pannon E: Guntramsdorf, Küniglberg (Sandgrube); Pont: Fonyod; Pont F: Götzendorf; Pont F/G: Sollenau.

Ökologie: m. Wahrscheinlich ein euryöker Bewohner des Hinterlandes, aber sicherlich auch in den Uferregionen vertreten. Die Exemplare aus Götzendorf weisen nur relativ geringe Mundrandverdickungen auf, was auf ein Fehlen von periodischen Trockenheiten hinweist, da die Mundrandverdickungen während der Ruhezeiten eine gute Anheftung an die Unterlage und damit eine geringere Austrocknung bewirken. Diese Funktion des Mundrandes scheint aber in Zone F nicht benötigt worden zu sein.

Tropidomphalus (Pseudochloritis) richarzi (SCHLOSSER)
Taf. 12, Fig. 1a—c, 2—3

* 1907 *Helix (Iberus) Richarzi* n. sp. — SCHLOSSER, 760, Taf. 17, Fig. 9 u. 11
  1907 *Helix (Campylaea) Toulai* n. sp. — SCHLOSSER, 761, Taf. 16, Fig. 17 u. 26
  1921 *Tropidomphalus (Pseudochloritis) toulai* (SCHLOSSER) - C. R. BOETTGER u. WENZ, 20
  1923 *Tropidomphalus (Pseudochloritis) toulai* (SCHLOSSER) - WENZ, 519

Typus: Wahrscheinlich in der Geologischen Bundesanstalt. Derzeit nicht auffindbar.

Material: TO: 3 Exemplare vom Eichkogel; PA: 5 vom Eichkogel; LU: je eines aus Gols und Öcs.

Diagnose: Kleinste Art des Subgenus, gedrungen.

Beschreibung: Mittelklein, gedrückt kugelig, gedrungen, Spira flachkuppelig und für die Untergattung verhältnismäßig hoch, oben abgestumpft. Die 4½ bis 5 mäßig konvexen Umgänge nehmen gleichmäßig, an den letzten beiden Windungen etwas stärker an Breite zu. Sie sind etwas abgesetzt und tragen meist deutliche Anwachsstreifen. Kurz vor der Mündung sinkt der letzte Umgang ab und ist deutlich eingeschnürt. Die hufeisenförmige Mündung steht schief. Der verdickte Mundrand ist seitlich und oben aufgebogen und basal umgeschlagen. Der Spindelrand ist am Ansatz verbreitert. Der mäßig weite Nabel ist etwa zur Hälfte vom Spindelrand verdeckt.

Beziehungen: Diese Art leitet sich wahrscheinlich von *Tropidomphalus vindobonensis* ab. Dieser ist jedoch größer und flacher. Seine Juvenilwindungen sind nicht so spitz. *Tropidomphalus richarzi* steht innerhalb der pannonischen und pontischen *Pseudochloritis* ziemlich isoliert und gehört nicht der Gruppe um *zelli* an.

Der Typus von SCHLOSSER ist ein jugendliches Exemplar. Adulte Stücke wurden von ihm als *Helix toulai* bezeichnet.

Vorkommen: Pont Ungarns: Öcs; Pont G/H: Gols; Pont H: Eichkogel.
Ökologie: Wm(h)?

Untergattung: *Mesodontopsis* PILSBRY, 1895

Tropidomphalus (Mesodontopsis) doderleini (BRUSINA)
Taf. 10, Fig. 5a—b; Taf. 11, Fig. 2—5, 6a—b

- * 1897 *Helix (Tacheocampylaea) Doderleini* n. sp. — BRUSINA, 1, Taf. 1, Fig. 1—2
-    1923 *Tacheocampylaea (Mesodontopsis) doderleini* (BRUSINA) - WENZ, 701
- · 1925 *Helix (Tacheocampylaea) Doderleini* BRUSINA - HALAVATS, 403, Taf. 14, Fig. 5, 6a—c
- · 1954 *Tacheocampylaea (Mesodontopsis) doderleini* BRUS. - BARTHA, Taf. 16, Fig. 1, 6
-    1955 *Tacheocampylaea (Mesodontopsis) doderleini* BRUS. - BARTHA, 310
-    1956 *Tacheocampylaea (Mesodontopsis) doderleini* BRUS. - BARTHA, 520
- · 1973 *Mesodontopsis doderleini* (BRUSINA) - SCHLICKUM u. STRAUCH, 161, Abb. 3 (Lectotypus), 9—14

Typen: BRUSINA bezeichnete keinen Holotypus. Ein Lectotypus wurde von SCHLICKUM u. STRAUCH benannt: „Zwei Exemplare, die der Bearbeitung BRUSINAS zugrunde lagen, werden im Geologisch-Paläontologischen Museum in Zagreb aufbewahrt, wovon ein Gehäuse noch teilweise im Sediment steckt. Das freie Individuum ist durch Aufkleber ausdrücklich als der Abbildungsbeleg zu Taf. 1, Fig. 1,2 bezeichnet und wird hiemit als Lectotypus benannt."

Material: TO: 64 Exemplare aus Öcs, 2 aus Nagy Vaszony, 7 aus Foyod; NHM: 2 Steinkerne aus Leopoldsdorf; PA: 2 vom Eichkogel; GA: zahlreiche aus Öcs und Varpalota; LU: 26 aus Velm, 6 aus Gols, 3 aus Markgrafneusiedl, eines aus Mannersdorf bei Angern, 10 aus Angern, zahlreiche Bruchstücke aus Ebergassing und Stillfried, Fischamend und Gänserndorf.

Diagnose: Kleinste Art des Subgenus, neben Galactochilus größte Landschnecke des Ponts im Wiener Becken.

Beschreibung: H = 15—26 mm; B = 27—43 mm. Habitus gedrückt kugelig bis abgerundet flach und fast diskusförmig. Spira mäßig gewölbt bis wechselnd leicht abgeflacht, schildförmig. Anfangswindungen flach. 4½ bis 5½ glatte bis zunehmend rippenstreifige Umgänge, etwas über der Peripherie ansetzend und mäßig übergreifend. Die flach konvexe Unterseite ist durch eine peripher liegende Zone stärkster Krümmung von der Oberseite getrennt, was den Eindruck eines stark abgestumpften Spiralknicks vermittelt. Die Schärfe des Knicks nimmt gegen die Jugendwindungen zu und klingt am letzten Umgang gegen die Mündung zu völlig ab. Der letzte Umgang steigt vor der Mündung wechselnd steil ab und ist kurz vor der Mündung leicht eingeschnürt. Mündung wechselnd stark schief, laterobasal leicht ausgezogen und abgestutzt eiförmig. Der freie Mundrand ist winkelig bis gerundet vom oberen Ansatz nach unten zunehmend stark aufgebogen und unterseits umgeschlagen. Der Spindelrand verdeckt weit umgeschlagen den mäßig weiten Nabel meist völlig. Bei primitiveren Formen kann der Nabel noch schlitzförmig zu sehen sein. Die kallös verdickte Nabelschwiele läßt auf jeden Fall den Spindelansatz durchscheinen. Bei einigen ostösterreichischen Populationen wird jedoch bereits eine Tendenz zur Ausbildung einer plattenförmigen Nabelverdeckung ähnlich jener von *Tropidomphalus chaixi* erkennbar. Die Nabelregion ist stets leicht eingesenkt und rundum besonders im Mündungsbereich von einer basalen Aussackung umgeben.

Farbzeichnung: An wenigen Exemplaren aus Velm lassen sich dünne, litzenförmige, parallel zu den Anwachsstreifen verlaufende Farbstreifen erkennen. Farbbänder wurden bislang nicht beobachtet.

Beziehungen: Von *Tropidomphalus (Mesodontopsis) chaixi* unterscheidet sich *doderleini* durch die geringere Größe und durch den stets erkennbaren Spindelansatz. Auch *Tropidomphalus (Mesodontopsis) nehringi* (SCHLICKUM u. STRAUCH) ist größer und außerdem flacher. Seine Umgänge nehmen langsamer an Breite zu als bei *doderleini*. *Chaixi* und *heriacensis* sind meist etwas höher gewölbt als *doderleini*. Im Gegensatz zu den anderen Arten kann die Nabelschwiele so gering ausgebildet sein, daß sie einen Nabelschlitz freigibt. Charackteristisch ist auch eine Aussackung der Basis vom Nabel bis etwa zur Mitte der Basislippe. Bei sehr großwüchsigen Exemplaren handelt es sich nicht wie verschiedentlich angenommen um *Galactochilus sarmaticus* GAAL.

Vorkommen: Pont: Öcs, Nagy Vaszony, Fonyod u. a. ungarische Fundorte, Kroatien, Tschechoslowakei, Rumänien; Pont G/H: Stillfried, Mannersdorf bei Angern, Angern, Gänserndorf, Markgrafneusiedl, Schwechat, Fischamend, Leopoldsdorf, Ebergassing, Velm, Gols; Pont H: Eichkogel.

Bemerkungen: *Tropidomphalus (Mesodontopsis) doderleini* ist nicht wie ursprünglich angenommen besonders für den ungarischen Raum typisch. Sie ist im oberen Pont des Wiener Beckens eine weitverbreitete, ja schlechthin die verbreitetste unter den großen Landschnecken. Sie wird fast in allen Fundstellen des oberen Ponts, wenngleich oft auch nur in Splittern, angetroffen und ist aufgrund ihrer typischen Nabelregion, die der Zerstörung den größten Widerstand entgegensetzt, auch als Bruchstück eindeutig bestimmbar. Ihr (zumindest im Wiener Becken) alleiniges Vorkommen im oberen Pont macht sie daher zu einem Leitfossil, da sie wegen ihrer Häufigkeit auch zur kartierungsmäßigen Einstufung von Sedimenten, die sonst wenig Fossilien führen, herangezogen werden kann.

Ökologie: Hh. An fast allen Fundstellen entspricht die Sedimentausfüllung der Schale nicht dem umgebenden Sediment. Am deutlichsten tritt dieser Umstand in Velm und Angern zutage, wo in einem sandigen Sediment die Schnecken mit toniger Innenausfüllung gefunden werden. Brocken desselben Sediments wurden nach Aufbrechen der Nabelschwiele auch im Nabelhohlraum gefunden. Die Tiere lebten daher zumindest im Juvenilstadium auf einem derartigen Sediment. Selbstverständlich sind diese Exemplare wie alle eingeschwemmten Landschnecken allochthon. Eine Heterochronie muß allerdings ausgeschlossen werden, da die Schalen fast immer unzerstört oder bestenfalls in situ gequetscht angetroffen werden, was beim heterochronen Transport einer bereits fossilisierten Schale nicht zu erwarten ist. Der Schluß liegt nahe, daß die Schalen kurz vor ihrer Einschwemmung in das See- oder Flußbecken in Schlamm eingebettet waren. Die lithologische Betrachtung des ausfüllenden Tones zeigt folgendes: Er enthält pyritige (schwarze) und limonitische (gelborange) färbende Anteile. Die limonitischen Anteile sind sicher Umwandlungsprodukte von Pyrit. Außerdem enthält er kohlige Partikel. Die Antwort auf die Frage, wo solch ein Sediment entstehen kann, ist nicht schwer. Es muß in einem pflanzenreichen und sauerstoffarmen Milieu entstanden sein. Der Vergleich mit einem „nassen Boden", wie er in unseren Aulandschaften oft angetroffen wird, liegt nahe. Ganz offensichtlich sammelten sich die Schalen in einem mit seichtem Wasser oder Pfützen bedeckten, mit faulenden Pflanzenteilen erfüllten Boden und wurden durch schockregenartige Niederschläge oder periodische Überflutungen ins Seebecken geschwemmt. Diese Erkenntnis im Verein mit der daraus resultierenden Unmöglichkeit eines weiten schwimmenden Transportes der Schalen lassen folgern, daß der Lebensraum dieser Tiere sich nahe dem Wasser befunden haben muß. Bemerkenswert ist auch die von SCHLICKUM u. STRAUCH (1973: 166) gemachte Feststellung, daß *Mesodontopsis* immer dann häufiger auftritt, wenn die einspülenden Gewässer keinen großen Einzugsbereich hatten. Sie folgerten daraus, daß *Mesodontopsis* ihren Lebensraum in unmittelbarer Nähe der Küste hatte. Auch die fast immer gute Erhaltung der Gehäuse ist ein Hinweis für kurzen Transportweg. Der Umstand, daß in Fundstellen, wo *Mesodontopsis* häufig ist, selbst solche Landschnecken selten sind, die in rezenten Augebieten die feuchten Ufersäume bewohnen, läßt darauf schließen, daß *Mesodontopsis* geradezu die ausgesprochenen Überschwemmungsbereiche besiedelte. Die Mündung von *Mesodontopsis* ist im Gegensatz dazu hervorragend für einen möglichst vollständigen Substratkontakt geeignet. Dieser ist jedoch nur während Ruhezeiten notwendig, wenn eine Schnecke sich in ihr Haus zurückzieht und durch einen möglichst guten Abschluß von der Außenwelt der Austrocknung entgeht. Diese gute Anpassung an die Anforderung eines Gehäuseabschlusses läßt auch für die bodenfeuchten Überschwemmungsgebiete jahreszeitliche Trockenperioden annehmen.

Die Entwicklung der Gattung *Tropidomphalus* im Pannon und Pont des Wiener Beckens und der angrenzenden Gebiete

Neben *Galactochilus* ist *Tropidomphalus* die auffälligste Gattung der Landschnecken im Wiener Becken, weil sie die größten Formen hervorbringt und verhältnismäßig häufig ist. Aus den sarmatischen Tropidomphali, die unter den Namen *Tropidomphalus zelli* (KURR) und *Tropidomphalus gigas* bekannt und durch zahlreiche Übergänge verbunden sind, entwickelten sich die Arten, die bis zur Zone F den pannonischen und pontischen Landschneckenfaunen ihr Gepräge geben, nämlich *gigas* und *zelli depressus*. Während der sarmatische *zelli* von *gigas* — wie zahlreiche Übergänge beweisen — nur unterartlich getrennt werden kann, kann man den unterpannonischen *gigas* getrost als eigene Art ansehen, da *zelli zelli* zu diesem Zeitpunkt ohnedies schon ausgestorben und sein Nachfahre *zelli depressus* mit *gigas* nicht durch Übergänge verbunden ist. Bemerkenswert ist, daß sich in Richtung zum pannonischen *gigas* eine Größenzunahme feststellen läßt, die geradezu zu Riesenformen führt, während sich bei *zelli depressus* eine Größenverringerung abzeichnet, die im Pont F ihr Optimum findet. Während aber *gigas* als sarmatische Reliktform anzusehen ist, nur lokal vorkommt und wahrscheinlich bereits im Unterpannon ausstirbt, ist *zelli depressus* für die Zonen D bis F typisch. Ob er auch in tieferen Zonen vorkommt, ist fraglich, denn Reste kleiner Tropidomphali aus der Zone C von Mistelbach lassen aufgrund ihrer schlechten Erhaltung keine exakte Bestimmung zu. Im oberen Pont finden wir nach dem Aussterben des *zelli depressus* in Zone F eine noch kleinere Art, nämlich *Tropidomphalus richarzi*, die jedoch eher selten ist und bisher nur aus Öcs, vom Eichkogel und von Gols bekannt ist. Es ist dies eine Form, deren Entwicklung unbekannt ist, die aber ihrer Schalenmorphologie nach von *Tropidomphalus vindobonensis* — einer Art aus dem Badenium — abstammt. Einen interessanten Vertreter dieser Gattung bildet *Tropidomphalus* (= „*Tacheocampylaea*") *(Mesodontopsis) doderleini*, der zu den systematisch umstrittenen Landgastropoden gehört. In ihrer Revision der pliozänen Gattung *Mesodontopsis* befaßten sich zuletzt SCHLICKUM und STRAUCH (1973) eingehend mit der systematischen Stellung von *Mesodontopsis*. Diese Betrachtungen besitzen gegenüber vorangegangenen wesentlich mehr Gewicht, da den beiden Autoren bedeutend mehr Material vorlag. Wie sie betonen, ist eine Zuordnung von *Mesodontopsis* zu *Tacheocampylaea* problematisch. BRUSINA (1897) stellt als erster *Mesodontopsis doderleini* zu *Tacheocampylaea*, eine Ansicht, die von C. R. BOETTGER und WENZ (1914) auf alle Arten von *Mesodontopsis* ausgedehnt wurde, ohne allerdings eine Begründung anzugeben. Wahrscheinlich waren folgende übereinstimmende Merkmale von *Tacheocampylaea* und *Mesodontopsis* für die Zuordnung maßgeblich: Der gedrückte Habitus, die Nabelschwiele, der umgeschlagene Mundrand, die ähnliche Mündungsform und die Feststellung, daß beide jeweils drei Farbbänder aufweisen (außer *doderleini*). Jedoch erscheinen mir diese Übereinstimmungen nur oberflächlicher Natur. SCHLICKUM und STRAUCH (1973) diskutieren eine Nahestellung zu *Galactochilus*, was sie besonders durch die ähnliche Ausbildung der Nabelregion begründen. Sie nehmen an, daß sich die bekannten *Mesodontopsis*-Arten aus *mesodontopsis*-ähnlichen *Galactochilus*populationen im Obermiozän entwickelten. Man müßte nach dieser Ansicht *Mesodontopsis* als polyphyletisch oder zumindest allopatrisch auffassen. Zwei Gründe sprechen gegen ein verwandtschaftliches Verhältnis zu *Galactochilus*. Das ist erstens die unterschiedliche Bebänderung (*Galactochilus* hat, wenn überhaupt, nur ein Band) und weiters der Umstand, daß die Juvenilwindungen von *Mesodontopsis* stets enger sind als jene von *Galactochilus*. PAPP (1957) konnte dieses Merkmal erfolgreich zur Unterscheidung von *Galactochilus* und *Tropidomphalus* anwenden, und es scheint tatsächlich von taxonomischer Bedeutung zu sein (siehe Tabelle).

Tabelle der Durchmesser bei zwei Umgängen,
gemessen an *Galactochilus*, *Pseudochloritis* und *Mesodontopsis*

Art	Fundort	Durchmesser Durchschnitt mm	Minimum mm	Maximum mm	Anzahl der Messungen
Galactochilus leobersdorfensis	Leobersdorf (Ziegelei)	8,33	7,7	9,0	14
Tropidomphalus (Mesodontopsis) doderleini	Velm	6,19	5,3	7,8	64
,,	diverse Fundorte	5,52	5,2	6,2	9
,,	Fonyod (Ungarn)	6,87	6,5	7,4	3
,,	Öcs (Ungarn)	6,36	5,4	6,9	14
Übergänge zwischen *Pseudochloritis* und *Mesodontopsis*	Stammersdorf	5,78	5,1	7,0	9
Tropidomphalus zelli depressus	Götzendorf	4,48	4,0	4,8	10
Tropidomphalus zelli und *zelli depressus*	Leobersdorf, Hollabrunn, Nexing	5,36	3,5	6,3	10
Tropidomphalus gigas	Lanzendorf	5,78	4,9	6,6	15
Mesodontopsis (gesamt)	Wiener Becken	6,12	5,2	7,8	73
Pseudochloritis (gesamt)	Wiener Becken	5,29	4,0	6,6	35

Bemerkenswerterweise wurde von SCHLICKUM und STRAUCH die Gattung *Tropidomphalus* nicht in die Betrachtung möglicher Verwandter einbezogen. In vielen Merkmalen stimmt *Mesodontopsis doderleini* mit *Tropidomphalus*, und zwar besonders mit der Untergattung *Pseudochloritis* überein, und zwar in der Größe, dem Habitus, der Belippung des Mundrandes, der Ausbildung der Anwachsstreifen und der Größe der Juvenilwindungen. Gerade das letzte Merkmal ist wahrscheinlich ökologisch am wenigsten beeinflußt und daher für einen verwandtschaftlichen Vergleich am geeignetsten. Die gegenüber durchschnittlichen *Pseudochloritis*gehäusen meist geringere Höhe und die meist gänzliche Verdeckung des Nabels, der bei beiden Gruppen gleich ausgebildet ist, unterscheidet *Mesodontopsis* von *Pseudochloritis*. Wie es SCHLICKUM und STRAUCH (1973) schon bei der Suche nach Vorläufern von *Mesodontopsis* innerhalb der Gattung *Galactochilus* getan haben, muß man innerhalb von *Pseudochloritis* Tendenzen in Richtung einer Abflachung des Gehäuses und einem Verschluß des Nabels suchen. Eine Tendenz zum Verschluß des Nabels läßt sich schon im Untermiozän bei der Entwicklung der Untergattung *Tropidomphalus*, der offen genabelt ist, zur Untergattung *Pseudochloritis*, deren Nabel halb bedeckt ist, feststellen. Eine Fortsetzung dieser Tendenz wäre daher zu erwarten. Die zunehmende Abflachung des Gehäuses läßt sich in der Entwicklung von *Tropidomphalus (Pseudochloritis) zelli zelli* zu *zelli depressus* verfolgen. Hier kommt noch die Tendenz zum Verschluß des Nabels hinzu. Diese Theorie wird durch den Fund einer Population von Landschnecken aus Stammersdorf (Pont F/G) untermauert, die schalenmorphologisch eine genaue Mittelstellung zwischen *Mesodontopsis doderleini* und *Pseudochloritis zelli depressus* darstellen.

Der Grund für die zunehmende Verdeckung des Nabels ist wahrscheinlich eine Folge des Selektionsdruckes in Richtung einer schieferen Mündung. Es ist klar ersichtlich und am Modell eindeutig zu zeigen, daß die Schwierigkeit, in ein Landschneckengehäuse einzudringen, für Feinde mit nur in einer Ebene beweglichen Greiforganen erheblich zunimmt, wenn der Winkel zwischen Gehäuseachse und Mündungsebene steigt. Ist der Winkel groß, muß der Feind seine Greiforgane zuerst nach oben und dann nach links — also um zwei Achsen — bewegen, um das Schneckentier zu erreichen. Steht die Mündungsebene jedoch parallel zur Gehäuseachse, muß der Feind nur eine Bewegung durchführen, was technisch wesentlich einfacher ist (SCHLICKUM u. STRAUCH, 1971: 151). Die Schieferstellung der Mündung kann erreicht werden, wenn man den Ansatz des oberen Mundrandes nach vorne oder unten zieht oder indem man den unteren Mundrand nach hinten verschiebt, was zwangsläufig zu einem Verschluß des Nabels führt. Der gelegentlich nur unvollständig verschlossene Nabel und die gegenüber anderen *Mesodontopsis*-Arten meist geringere Größe berechtigt zu der Annahme, daß es sich bei *Mesodontopsis doderleini* um die primitivste Form dieser Gruppe handelt, so daß eine Ausbreitung von Osten nach Westen zu vermuten ist. Wenn es gelingt, die genaue stratigraphische Stellung der westeuropäischen *Mesodontopsis*-Arten zu ermitteln, werden sich ohne Zweifel weitere Erkenntnisse der Phylogenie dieser interessanten Gruppe ergeben.

Die nomenklatorischen Konsequenzen dieser Überlegungen führen zur Stellung von *Mesodontopsis* als Untergattung von *Tropidomphalus*.

Gattung: *Helicigona* RISSO, 1826

Helicigona atava WENZ
Taf. 9, Fig. 1a—c

* 1927 *Helicigona atava* n. sp. — WENZ, 46, Taf. 2, Fig. 6a—b

Typus: Das der WENZschen Abbildung zugrundeliegende Exemplar wurde im Zweiten Weltkrieg vernichtet.

Material: TO: 1 Exemplar aus Leobersdorf (Ziegelei); PA: 1 fragliches aus Hollabrunn.

Diagnose: Sehr scharf gekielte Umgänge, Spira kaum erhoben.

Beschreibung: Die größte Breite des einzigen pannonischen Exemplars beträgt 15,6 mm. Sehr flach, diskusförmig. Die Spira ist nur sehr wenig erhoben und fast flach.

Die Flanken sind gerade. Wahrscheinlich etwa 5½ Umgänge, oberseits flach, unterseits deutlich gewölbt, mit einem scharfen, fadenförmig erhobenen Kiel. Oberseits rippenstreifig und mit unregelmäßigen Granulationen bedeckt. Vor der Mündung ist der letzte Umgang deutlich eingeschnürt und biegt stark nach unten ab. Die wahrscheinlich eiförmige Mündung steht stark schief. Der Mundrand ist scharf, am unteren Teil der Mündung weit umgeschlagen und am seitlichen Teil aufgebogen. Der Mundrand ist parietal verbunden und verdeckt einen kleinen Teil des Nabels, um den herum eine stumpfe Kante verläuft.

Beziehungen: *Helicigona wenzi* hat einen wesentlich stumpferen Kiel. *Helicigona lapicida* besitzt eine höhere Spira, ihre Unterseite ist mehr gerundet. *Helicigona truci* unterscheidet sich von *atava* durch die rascher anwachsenden Umgänge. WENZ (1927) nimmt eine Entwicklung von *Helicigona atava* zu *Helicigona lapicida* an. Jedenfalls sind diese beiden Arten und *Helicigona truci* nahe miteinander verwandt, während mir der stumpfe Kiel von *Helicigona wenzi* als ein von dieser Gruppe trennendes Merkmal erscheint.

Vorkommen: ? Sarmat: Hollabrunn; Pannon D: Leobersdorf (Ziegelei).

Ökologie: siehe *Helicigona wenzi*. ?x(f).

Helicigona wenzi Soos
Taf. 8, Fig. 9a—c, 10a—c; Taf. 16, Fig. 8

* 1934 *Helicigona wenzi* n. sp. — Soos, 210, Abb. 12
v 1955 *Helicigona (Helicigona) wentzi* Soos - BARTHA, 311, Taf. 2, Fig. 14—15
v 1959 *Helicigona wentzi* Soos - BARTHA, Taf. 17, Fig. 6—7

Typus: Der Holotypus befand sich ursprünglich im Nationalmuseum in Budapest und wurde zur Zeit des Ungarnaufstandes von sowjetischen Truppen zerstört.

Material: GA: 1 beschädigtes Exemplar aus Öcs; TO: zahlreiche beschädigte aus Fonyod, eines aus Öcs, 1 fragliches Stück aus Weinsteig; LU: 14 unterschiedlich beschädigte Exemplare aus Götzendorf, 3 fragliche Bruchstücke vom Teiritzberg bei Korneuburg.

Diagnose: Von allen Helicigonen am stumpfesten gekielt.

Beschreibung: B = 14—17,5 mm, manchmal kleiner. Flach halblinsenförmig, Spira nicht bis wenig erhoben. Unterseits konisch gerundet. 4½ bis 4¾ stumpf, aber deutlich gekielte Umgänge mit deutlich gebogenen Anwachsrippen. Diese sind überlagert von feinsten Granulationen, die in Linien verlaufen, die mit der eingesenkten Naht einen Winkel von etwa 45 Grad einschließen, teilweise aber auch unregelmäßig angeordnet sind. Deutlich erkennbar wird diese Skulptur aber erst nach 3½ bis 4 Umgängen. Gegen die Juvenilwindungen zu wird sie undeutlicher und verblaßt schließlich ganz. Vor der Mündung biegt der letzte Umgang scharf nach unten ab und ist an der Unterseite deutlich eingeschnürt. Die Mündung ist eiförmig. Der Mundrand ist scharf, lateral aufgebogen, umbilical umgeschlagen, parietal verbunden und teilweise abgelöst. Der Mundrand verdeckt einen kleinen Teil des von einer stumpfen Kante umgebenen, weiten Nabels.

Beziehungen: *Helicigona atava*, die dieser Form recht nahe kommt, besitzt einen wesentlich schärferen Kiel. Die Spira von *Helicigona lapicida* ist höher und ihr Kiel schärfer. Ihre Unterseite ist gerundeter. *Helicigona („Heliciplana") truci* SCHLICKUM u. STRAUCH unterscheidet sich durch den schärferen Kiel, die etwas rascher anwachsenden Umgänge und das weiter erhobene Gewinde. Die ungarischen Formen von *wenzi* haben eine etwas mehr erhobene Spira als die aus dem Wiener Becken.

Vorkommen: ? Karpat: Weinsteig, Teiritzberg; Pont: Fonyod, Öcs, Varpalota; Pont F: Götzendorf.

Ökologie: W(f). Die einzige rezente Art *Helicigona lapicida* (LINNE) ist in West- und Mitteleuropa verbreitet, einige Fundpunkte werden auch aus Südnorwegen gemeldet. Sie besiedelt in erster Linie Laubwälder, wobei sie das Berg- und Hügelland bevorzugt.

Sie lebt an Felsen und Mauerwerk, wird aber auch häufig auf Buchen und Ahorn gefunden, an denen sie bei Regenwetter aufsteigt. Besonders verbreitet ist sie in atlantisch beeinflußten Gebieten ohne große Temperaturschwankungen, wo sie allerdings eher trockene Standorte bevorzugt. Sie ernährt sich in der Hauptsache von welken Pflanzen.

Die große conchyologische Ähnlichkeit der fossilen Arten zu *lapicida* läßt eine ähnliche Lebensweise vermuten. Wir müssen allerdings annehmen, daß die Gattung zumindest im Miozän auch subtropische Klimate besiedelte, wo sie heute fehlt. Das geht aus den karpatischen und sarmatischen Funden hervor. Wenn man aber annimmt, daß in anderen Punkten der Lebensweise zwischen den fossilen Arten und *lapicida* Übereinstimmung herrscht, muß man als Lebensgebiet der pontischen Formen wohl hauptsächlich sommergrüne Laubwälder im weiteren Küstenbereich annehmen, eventuell mit Buchen und Ahorn. Hier besiedelten sie wohl eher feuchte Areale mit kleineren Trockenstandorten.

Ob der relativ stumpfe Kiel von *Helicigona wenzi* ökologische Aussagekraft besitzt, ist nicht leicht zu entscheiden. Er ist jedenfalls ein Symptom der Verringerung der Schalenkalkausscheidung, die besonders bei Cepaeen und der *Helicigona* nahe verwandten Gattung *Arianta* ein Zeichen für Anpassung an feuchte Standorte ist. Interessant ist in diesem Zusammenhang die Feststellung, daß die scharfgekielte *Helicigona atava* in Leobersdorf zusammen mit einer Fauna auftritt, die eher für relative Trockenheit spricht, während die stumpfer gekielte *wenzi* in Götzendorf von Formen begleitet wird, die insgesamt auf ein feuchtes Klima hinweisen.

Gattung: *Klikia* PILSBRY, 1895
Untergattung: *Klikia* s. str.

Klikia (Klikia) kaeufeli WENZ
Taf. 10, Fig. 2a—c

*· 1927 *Klikia (Klikia) käufeli* n. sp. — WENZ, 45, Taf. 2, Fig. 5a—c

Typus: Das der WENZschen Abbildung zugrundeliegende Exemplar wurde im Zweiten Weltkrieg zerstört.

Material: TO: Zahlreiche Exemplare aus Leobersdorf (Ziegelei); PA: 6 aus Leobersdorf (Ziegelei); LU: 1 Stück aus Leobersdorf (Ziegelei), 1 beschädigtes Exemplar aus Mistelbach.

Diagnose: Ziemlich flache Spira, stumpfe Spiralkante, stumpfe Kante um den mäßig weiten Nabel, Mundrand verdickt und umgeschlagen.

Beschreibung: H = 5,7—7 mm; B = 11—13 mm. Gehäuse rundlich diskusförmig mit sehr flachkuppeligem Gewinde. Die 5¼ bis 5½ Umgänge nehmen nur langsam an Breite zu. Die mäßig gewölbte Oberseite wird von der stärker gewölbten Unterseite durch eine stumpfe, spiral verlaufende Kante getrennt, die sich vor der Mündung verläuft und ausglättet. Der letzte Umgang ist von der Mündung sehr wenig absteigend und wenig eingeschnürt. Die Umgänge zeigen eine Papillenskulptur. Die eng gesetzten, im Binokel deutlich erkennbaren Papillen formen ein Netz. Der Mundsaum ist kräftig verdickt, apikal und lateral aufgebogen bis leicht, umbilikal weit umgeschlagen. Die Mündung steht schief. Der obere Mundrand geht gerundet in den lateralen über. Dieser nimmt mit dem Basalrand einen sehr stark gerundeten rechten Winkel ein. Der Basalrand ist ganz wenig in das Mündungslumen eingebogen und durch einen stumpfen Knick vom Spindelrand getrennt. Der mäßig weite Nabel wird vom Spindelrand etwa zu einem Viertel verdeckt. Um ihn herum verläuft wenig eingesenkt eine stumpfe Kante.

Beziehungen: *Klikia giengensis* (KLEIN) aus dem oberen Untermiozän steht *kaeufeli* nahe. Diese ist jedoch größer und flacher, und der Nabel fällt plötzlich steil ab. *Klikia godarti* (MICHAUD) weist diese Merkmale noch intensiver auf. Ihr Mundsaum ist stärker verdickt. Ob hier eine Entwicklungsreihe von *giengensis* über *kaeufeli* zur pliozänen *godarti* vorliegt, kann ich mangels Vergleichsmaterials ebensowenig entscheiden wie WENZ (1927). Die neue Art *trolli* ist sicher nahe verwandt, besitzt jedoch eine höhere Spira.

Vorkommen: Pannon C: Mistelbach; Pannon D: Leobersdorf (Ziegelei).
Ökologie: WOm. Siehe *Klikia (Steklovia) magna* n. sp.

Klikia (Klikia) trolli n. sp.
Taf. 10, Fig. 1a—c

Ableitung des Namens: Der Entdecker dieser Art A. PAPP überließ mir die Beschreibung und benannte sie zu Ehren von O. TROLL-OBERGFELL.

Typisches Vorkommen: Leobersdorf (Ziegelei), Pannon D.

Typen: Holotypus: NHM (Molluskenabteilung, Inv.-Nr. 81.221); Paratypus: PA.

Material: PA: 5 Exemplare vom Eichkogel, 3 vom Richardshof, Paratypus aus Inzersdorf; NHM: Holotypus aus Leobersdorf (Ziegelei), mehrere beschädigte Stücke vom Eichkogel, eines aus Angern.

Diagnose: Typische *Klikia* mit wenig verdecktem, mäßig weitem Nabel. Umgänge in der oberen Hälfte gerundet gekielt. Spira gedrückt kuppelförmig.

Beschreibung: H = 5—6,3 mm; B = 8,7—10,2 mm. Rundlich, gedrungen, Spira gedrückt erhoben kuppelförmig, unterer Gehäuseteil gerundet. Die 5 1/4 bis 5 3/4 Umgänge nehmen nur langsam an Breite zu. An der oberen Hälfte der anwachsstreifigen Umgänge verläuft ein gerundeter, aber deutlich erkennbarer Kiel, der am letzten Umgang vor der Mündung zunehmend gerundeter und damit undeutlicher wird. Der letzte Umgang ist kurz vor der Mündung stark eingeschnürt und sinkt wenig ab. Mündung schiefstehend. Mundrand stark verdickt und umgeschlagen. Der Basalrand ist schwielig verstärkt und geht mit einem stumpfen Knick in den Spindelrand über. Dieser bedeckt einen kleinen Teil des von einer stumpfen Kante umgebenen, mäßig weiten, steil abfallenden Nabel.

Beziehungen: *Klikia osculum* ist flacher und ungekielt. Ihr fehlt die Schwiele auf dem basalen Mundrand. Sehr nahe steht *Klikia kaeufeli*. Diese besitzt jedoch einen viel schwächeren Kiel, auch die Schwiele auf dem basalen Mundrand ist viel schwächer. Die Schale ist größer und ihre Spira flacher.

Vorkommen: Pannon D: Leobersdorf (Ziegelei); Pannon E: Inzersdorf; Pont G/H: Angern; Pont H: Eichkogel, Richardshof.

Ökologie: WOm. Siehe bei *Klikia (Steklovia) magna* n. sp.

Untergattung: *Apula* C. R. BOETTGER, 1909

Klikia (Apula) goniostoma (SANDBERGER)
Taf. 10, Fig. 3a—c

*·	1875	*Helix (Fruticicola) goniostoma* SANDBERGER - SANDBERGER, 702, Taf. 32, Fig. 12
?	1907	*Helix (Gonostoma)* aff. *phacodes* n. sp. — SCHLOSSER, 766, Taf. 17, Fig. 13—14
	1923	*Monacha (Monacha) goniostoma* (SANDBERGER) - WENZ, 412
·v	1925	*Helix (Aegista) ponticus* n. sp. — HALAVATS, 403, Taf. 4, Fig. 8a
?	1934	*Monacha löretheyi* n. sp. — Soos, 197, Abb. 7
?	1934	*Helicigona (Kosicia) Pelissae* n. sp. — Soos, 199, Abb. 8
?	1934	*Helicigona (Campylaea) Gaali* n. sp. — Soos, 200, Abb. 10
v	1954	*Helicigona pontica* (HALAV.) - BARTHA, 179
v	1956	*Helicigona (Kosicia) pontica* (HALAVATS) - BARTHA, 520

·v 1959 *Helicigona pontica* (HALAVATS) - BARTHA, Taf. 17, Fig. 1, 4—5
·v 1959 *Monachoides lörentheyi* Soos - BARTHA, Taf. 17, Fig. 14—15
? · 1975 *Klikia ?* sp. — SCHLICKUM, 67, Taf. 6, Fig. 55
· 1979a *Apula (Steklovia) goniostoma* (SANDBERGER) - SCHLICKUM, 411, Taf. 23, Fig. 9
· 1979a *Apula (Steklovia) halavatsi* n. nom. — SCHLICKUM, 412, Taf. 23, Fig. 10

Typus: Ursprünglich in der Staatssammlung für Paläontologie und historische Geologie München. Im Zweiten Weltkrieg zerstört.

Material: GA: Holotypus von *Helix pontica* HALAVATS, 22 Exemplare aus Öcs, 6 aus Varpalota (Tongrube), 5 aus Öcs, eines aus Nagy Vaszony; PA: 5 beschädigte Stücke vom Eichkogel; LU: 4 beschädigte aus Gols, jeweils 1 beschädigtes aus Ebergassing, Angern und Velm, 4 vom Eichkogel.

Diagnose: Abgeflacht kegelförmig, mit stumpfem Spiralkleid zwischen Ober- und Lateralteil der Windungen, mäßig enger Nabel, teilweise verdeckt, ziemlich groß.

Beschreibung: Gehäuse für die Gattung verhältnismäßig groß. H = etwa 8 mm; B = etwa 14—17 mm. Spira unterschiedlich stark abgeflacht kegelförmig. Juvenilteil schwach zitzenförmig erhoben. Das obere Drittel der etwa 5 Umgänge ist vom unteren durch eine gerundete Kante getrennt, die am letzten Umgang immer schwächer werdend kurz vor der Mündung ausklingt. Der letzte Umgang ist kurz vor der Mündung eingeschnürt und kaum merklich abgesenkt. Die Mündung ist in die Quere gezogen, halbmondförmig und schiefgestellt. Der Mundrand ist verdickt, apikal aufgebogen, lateral wenig und umbilical stark umgeschlagen. Spindelrand am Ansatz wenig verbreitert. Manchmal ist der Basalrand vom Spindelrand durch einen gerundeten, kaum wahrnehmbaren Knick getrennt. Nabelregion eingesenkt. Nabel mäßig eng, aber nicht tief, teilweise vom Spindelrand verdeckt.

Beziehungen: Von *Klikia coarctata steinheimensis* JOOSS unterscheidet sich die Form durch die bedeutendere Größe, die Spiralkante und den weiteren Nabel. Die untermiozäne *Klikia devexa* ist ebenfalls sehr ähnlich, besitzt jedoch eine weitaus stärkere Einschnürung vor der Mündung. Außerdem ist sie kleiner, und der Mundrand ist weniger verdickt.

Bemerkung: Die Behauptung SCHLICKUMS (1979a: 411), *Klikia goniostoma* und seine *Apula halavatsi* (= *Helix ponticus* HALAVATS) unterscheiden sich durch die Ausbildung des Nabels, wird durch seine eigenen Abbildungen widerlegt. Beide Namen bezeichnen ein und dieselbe Art. Davon konnte ich mich durch die Untersuchung des Typus' von *Helix ponticus* HALAVATS, der an der ungarischen geologischen Anstalt liegt, selbst überzeugen. Die Neubenennung durch SCHLICKUM wird somit hinfällig.

Vorkommen: Pont G/H: Ebergassing, Velm, Gols, Angern; Pont H: Eichkogel; Pont: Öcs, Nagy Vaszony, Varpalota, Tab, Balantonszentgyörgy.

Die Meldung von SCHLICKUM (1979a), diese Art komme auch in der Leobersdorfer Ziegelei vor, beruht wahrscheinlich auf einer Verwechslung mit *Klikia (Apula) coarctata steinheimensis* JOOSS.

Ökologie: Wh. Siehe auch bei *Klikia (Steklovia) magna* n. sp.

Klikia (Apula) coarctata steinheimensis Jooss
Taf. 10, Fig. 4a—c

* 1918 *Klikia coarctata* var. *steinheimensis* n. v. — JOOSS, 294
    1923 *Klikia coarctata steinheimensis* JOOSS - WENZ, 537
· 1927 *Klikia coarctata steinheimensis* JOOSS - WENZ, 46, Taf. 2, Fig. 4a—c

Typus: Naturkundemuseum Stuttgart.

Material: TO: Zahlreiche, teils beschädigte Exemplare aus Leobersdorf (Ziegelei); PA: 5 beschädigte aus Leobersdorf (Ziegelei); LU: 1 Stück aus Leobersdorf (Ziegelei).

Diagnose: Spira abgerundet flachkegelig, wenig verdickter Mundsaum, Andeutungen einer Spiralskulptur auf den gerundeten Umgängen.

Beschreibung: H = 7—8 mm; B = 11,8—13,2 mm. Etwa 4½ Umgänge. Flanken der Umgänge gerundet, an der Peripherie manchmal undeutliche, fandenförmige Spiralrippen, schwach anwachsgestreift, undeutliche (Lupe) Papillenskulptur. Der letzte Umgang sinkt vor der Mündung kaum merkbar ab und ist nur wenig eingeschürt. Die Mündung steht schief. Im Profil erkennt man jedoch, daß der untere Teil nahezu vertikal steht. Mundrand verhältnismäßig schwach verdickt. Oberer Mundrand wenig, seitlicher stark aufgebogen, unterer umgeschlagen. Der nur oberflächliche, sehr enge Nabel ist nahezu ganz vom Spindelrand verdeckt. Die Nabelregion ist eingesenkt.

Beziehungen: Gegenüber der typischen Unterart ist diese Form stärker abgeflacht, die Umgänge sind weniger gewölbt und der Mundrand weniger verdickt. *Klikia coarctata planispira* n. ssp. ist größer, besitzt eine wesentlich flachere Spira und ist ungenabelt. *Klikia goniostoma* ist größer, ihr Nabel ist weniger verdeckt, und sie besitzt eine Spiralkante.

Vorkommen: Pannon D: Leobersdorf (Ziegelei).

Ökologie: W(h). Siehe auch bei *Klikia (Steklovia) magna* n. sp.

Klikia (Apula) coarctata planispira n. ssp.
Taf. 9, Fig. 2a—c

Ableitung des Namens: Von der nahezu ebenen Spira.

Typisches Vorkommen: Pannon B/C: Lanzendorf.

Typus: Holotypus: NHM (Molluskenabteilung, Inv.-Nr. 81.220); Paratypen: LU.

Material: LU: 2 Exemplare aus Lanzendorf, zahlreiche beschädigte aus Götzendorf; NHM: Holotypus.

Diagnose: Ziemlich großwüchsig, sehr niedere Spira, gerundete, ziemlich rasch anwachsende Umgänge, ungenabelt.

Beschreibung: H = 8,8 mm; B = 15,3 mm (Holotyp), bei den anderen Exemplaren aufgrund der ungünstigen Erhaltung nicht zu ermitteln. Spira sehr nieder bis fast völlig flach. 5 bis 5⅔ Umgänge, ziemlich rasch an Breite zunehmend, fein, aber deutlich anwachsgestreift, sehr undeutliche Papillenskulptur. Der letzte Umgang steigt kurz vor der Mündung leicht ab und ist wenig eingeschnürt. Im Profil verläuft der schiefe obere Teil der Mündung in nach hinten gerundetem Bogen zum fast vertikal stehenden unteren Teil. Der Mundrand ist verdickt und oberseits und seitlich vom Ansatz weg zunehmend aufgebogen und unterseits umgeschlagen. Der Nabel ist so eng, daß man fast von einer ungenabelten Form sprechen kann.

Beziehungen: Die beiden anderen Unterarten von *Klikia coarctata* besitzen eine höhere Spira und sind kleiner. Außerdem sind sie nicht so extrem eng genabelt. Die neue Unterart zeigt eine deutliche Beziehung zur Untergattung *Steklovia*, und hier besonders zu *Klikia (Steklovia) magna* n. sp. Beide Formen besitzen eine sehr niedere Spira, sind ungenabelt, die Papillenskulptur ist sehr undeutlich, die Mündungsform sehr ähnlich. Unterschiede bestehen in der Größe, der flacheren Gestalt und im Spiralkiel von *Steklovia magna*. Mit größter Wahrscheinlichkeit ist *planispira* der Vorläufer von *Klikia magna*. In Götzendorf finden wir auch Übergangsformen.

Vorkommen: Pannon B/C: Lanzendorf; Pont F: Götzendorf.

Ökologie: Wh. Siehe auch bei *Klikia (Steklovia) magna* n. sp.

Untergattung: *Steklovia* SCHLICKUM u. STRAUCH, 1972

Klikia (Steklovia) magna n. sp.
Taf. 3, Fig. 3a—c; Taf. 16, Fig. 7

. 1972 *Steklovia koehnei* ? n. sp. — SCHLICKUM u. STRAUCH, 76, Abb. 9

Ableitung des Namens: Von der Größe.
Typisches Vorkommen: Götzendorf, Pont F.
Typen: Holotypus: NHM (Molluskenabteilung, Inv.-Nr. 81.219); Paratypen: LU.
Material: LU: 3 Paratypen aus Götzendorf, 1 Exemplar aus Angern; NHM: Holotypus aus Götzendorf.
Diagnose: Dick scheibenförmig, sehr niedere Spira, stumpfe Kante zwischen Ober- und Lateralseite der Umgänge, ziemlich rasch anwachsende Umgänge, Nabel verdeckt.
Beschreibung: H = 9,7 mm; B = 20 mm (Holotypus). Mäßig festschalig, dick scheibenförmig mit fast nicht, im Juvenilteil schwach zitzenförmig erhobenem Gewinde. Etwa 5 $\frac{1}{3}$ apikal fast flache, umbilical wenig gewölbte Umgänge mit unregelmäßigen, deutlichen Anwachsstreifen und extrem feinen, unregelmäßig angeordneten Papillen. Die Höhe der Endwindung beträgt etwa $\frac{3}{4}$ der Gesamthöhe. Die Breite der Umgänge wächst ziemlich rasch an. Zwischen Ober- und Seitenteil der Windungen befindet sich eine stumpfe Kante, die am letzten Umgang etwas schwächer wird und vor der Mündung gänzlich verschwindet. Nabelregion deutlich eingesenkt. Der letzte Umgang ist kurz vor der Mündung sehr wenig eingeschnürt und steigt sehr schwach ab. Mündung abgestutzt eiförmig. Im Profil gesehen ist sie oben schief, verläuft aber dann mit nach hinten gebogener Rundung bis zum nahezu vertikal gestellten unteren Teil. Der Mundrand ist am Ansatz leicht, gegen den Lateralteil immer stärker aufgebogen und umbilical umgeschlagen und verdickt. Unterrand durch einen sehr stumpfen Knick vom Spindelrand getrennt. Der extrem enge Nabel ist durch den Spindelrand verdeckt. Die Mundrandansätze sind durch keine erkennbare Parietalschwiele verbunden.
Beziehungen: Die Art ist nahe verwandt mit *Klikia (Steklovia) koehnei* (SCHLICKUM u. STRAUCH), die in den pliozänen Deckschichten der niederrheinischen Braunkohle vorkommt. Sie unterscheidet sich jedoch von dieser durch die Ausbildung einer Spiralkante und durch das rasche Anwachsen der Umgänge, die Mündung ist mehr in die Breite gezogen. *Klikia (Steklovia) fraudulosa* (STEKLOV) ist im Gegensatz zu den genannten Arten deutlich genabelt und wesentlich enger gewunden als *magna*.
Vorkommen: Pont F: Götzendorf; Pont G/H: Angern; Pont H: Eichkogel.
Ökologie: HW ? Die Gattung *Klikia* ist wahrscheinlich im Pleistozän ausgestorben. Während *Klikia* s. str. vorwiegend in Vergesellschaftungen vorkommt, die zumindest teilweise auf ein trockenes Klima oder jedenfalls trockene Standorte hinweisen (Leobersdorf, Eichkogel), fehlt sie in Vergesellschaftungen, die aus feuchten Standorten stammen (Götzendorf). Auch die starke Kalkausscheidung deutet auf ein Vorkommen an trockeneren Standorten. *Apula*, die weniger Kalk ausscheidet, wird in Trocken- und Feuchtigkeitsvergesellschaftungen, also in fast allen pannonischen und pontischen Fundorten gefunden. *Steklovia* scheint feuchte Standorte zu bevorzugen. Die meisten der wenigen Exemplare fand ich in Götzendorf, zusammen mit einer stark feuchtigkeitsbeeinflußten Fauna.
Aufgrund der verhältnismäßig dicken Schale kann ein längerer schwimmender Transport ausgeschlossen werden. So muß man annehmen, daß die Klikien aus der Nähe ihres Ablagerungsraumes stammen. Aus den Fundumständen geht hervor, daß das Substrat, auf dem sie lebten, meist tegelig-mergelig und jedenfalls kalkhältig war. Das ist insofern erwähnenswert, als sich auf kalkhältigem Untergrund ein basischer Boden bildet, der einen ständigen Bodenkontakt der Tiere ermöglicht und die Schale nicht durch Säuregehalt des Bodens beeinträchtigt wird. Dennoch ist ein ständiger Bodenkontakt nicht wahrschein-

lich. Derartig lebende Landschnecken besitzen nämlich meist keine Mundrandverdickungen (viele Zonitiden). Viel eher scheint es mir, daß die Klikien Uferpflanzen abweideten oder sich von krautigen Gewächsen ernährten, an denen sie hinaufkletterten.

Unterfamilie: Helicinae
Tribus: Heliceae
Gattung: *Cepaea* HELD, 1837
Untergattung: *Cepaea* s. str.

Cepaea (Cepaea) bulla n. sp.
Taf. 13, Fig. 3a—c

Ableitung des Namens: Von der rundlichen Gestalt.
Typisches Vorkommen: Götzendorf, Pont F.
Typen: Holotypus: NHM (Molluskenabteilung, Inv.-Nr. 81.218); Paratypen: LU.
Material: Holotypus und 8 Paratypen aus Götzendorf.
Diagnose: Umgänge wirken aufgeblasen, oberer und unterer Mundsaum konvergieren stark nach links, Umschlag des unteren Mundrandes samt Schwiele etwas rückgebildet.
Beschreibung: Kugelig, schwach konisches Gewinde, Schale ziemlich dünn. Apex stumpf, Spira unterschiedlich stark erhoben. 4½ stark gewölbte, rasch an Breite zunehmende Umgänge. Die Umgänge zeigen nicht wie bei den meisten anderen *Cepaea*-Arten einen angedeuteten Spiralknick, sondern verlaufen in gleichmäßiger Wölbung von der Naht zur gewölbten Basis. Umgänge unregelmäßig anwachsgestreift. Die Endwindung ist bauchig aufgetrieben und steigt vor der Mündung ab. Diese ist abgestutzt rundoval und liegt wenig schief. Der Mundrand ist erweitert und trägt eine schwache Innenlippe. Der untere Mundrand ist leicht nach unten gerundet, wenig verdickt und umgeschlagen. Er kann eine nur angedeutete schwielenartige Erhebung tragen. Der umgeschlagene Spindelrand verdeckt den von allen *Cepaea*-Arten engsten Nabel völlig. Farbzeichnung wurde keine beobachtet.
Beziehungen: Von *Cepaea gottschicki* WENZ und *Cepaea etelkae* (HALAVATS) unterscheidet sich diese Art durch die bauchig aufgetriebene letzte Windung, die rundliche Mündung, das Fehlen einer Einschnürung vor der Mündung, die nur schwache Verstärkung des basalen Mundrandes und durch dessen gerundetes Übergehen in den Lateralrand. Höchstwahrscheinlich leitet sich *bulla* von bauchigeren Standortformen der *Cepaea etelkae* ab, wie sie beispielsweise in Vösendorf und Hennersdorf auftreten. Der Umstand jedoch, daß am Locus typicus keinerlei Übergänge zwischen *etelkae* und *bulla* auftreten, veranlaßte mich, diese Form als eigene Art anzusehen. Der scharfe Mundrand, die nur sehr geringe Verdickung des unteren Mundrandumschlages und relativ geringe Windungszahl erwekken den Eindruck, als handle es sich hier um eine Juvenilform. Da *Cepaea bulla* aber die größte Götzendorfer *Cepaea*-Art ist und Adulti von *Cepaea etelkae* aus Götzendorf (bis auf ein Exemplar) durchwegs kleiner sind, könnte man diese Ansicht nur dann vertreten, wenn man annimmt, daß die Adulti dieser Art aus unbekannten Gründen fehlen. Dies erscheint mir jedoch sehr unglaubwürdig.
Vorkommen: Pont F: Götzendorf.
Ökologie: H. Siehe bei *Cepaea etelkae*.

Cepaea (Cepaea) etelkae (HALAVATS)
Taf. 13, Fig. 1a—c, 2a—c; Taf. 14, Fig. 1a—c, 2a—c, 3a—c, 4a—c, 5—6, 7a—c

? 1869   *Helix subcarinata* A. BRAUN - NEUMAYR, 365, Taf. 12, Fig. 20
? 1874   *Helix subcarinata* A. BRAUN - BRUSINA, 96

? 1878 *Helix Neumayri* n. sp. — BRUSINA, 354
. 1907 *Helix (Tachea)* cf. *hortensis* MÜLLER - TROLL, 74
. 1921b *Cepaea* sp. — WENZ, 27
   1923 *Cepaea* cf. *sylvestrina gottschicki* WENZ - WENZ, 695
*v 1925 *Helix (Tachea) Etelkae* n. sp. — HALAVATS, 403, Taf. 14, Fig. 7a—b
. 1927 *Cepaea sylvestrina leobersdorfensis* n. sp. — WENZ, 42, Taf. 2, Fig. 2a—c
   1934 *Cepaea sylvestrina etelkae* HALAV. - SOOS, 202
   1934 *Cepaea neumayri* BRUS. - SOOS, 202
   1955 *Cepaea sylvestrina etelkae* HALAV. - BARTHA, 311
   1955 *Cepaea neumayri* BRUS. - BARTHA, 311
? 1955 *Cepaea* sp. — BARTHA, 311
? 1956 *Cepaea sylvestrina etelkae* ? HALAV. - BARTHA, 520
. 1959 *Cepaea sylvestrina etelkae* (HALAVATS) - BARTHA, 82, Taf. 16, Fig. 3—4
. 1959 *Cepaea neumayri* BRUS. - BARTHA, Taf. 16, Fig. 2, 5

Typus: Holotypus: GA: Nr. Pl 109.
Material: TO: Zahlreiche Exemplare aus Leobersdorf (Ziegelei), 11 zum Teil beschädigte aus Vösendorf, zahlreiche aus Öcs, von anderen ungarischen Fundorten und vom Eichkogel; NHM: 2 Stücke vom Küniglberg in Wien; LU: 1 Exemplar aus Hennersdorf, 2 aus Leobersdorf (Ziegelei), zahlreiche beschädigte aus Götzendorf, fragliche Bruchstücke aus Mistelbach, 1 Exemplar aus Leobersdorf (Autobahnabfahrt), eines aus Großhöflein (Föllig), zahlreiche vom Eichkogel, aus Öcs und von Lanzendorf, 5 aus Velm, 8 aus Gols, 2 aus Angern, 7 beschädigte Stücke aus Hauskirchen, Bruchstücke von Stillfried und Ebergassing.
Diagnose: Kugelig-kegelig, Umgänge meist mit stumpfer Kante, oberseits wenig gewölbt. Oberer und unterer Mundrand meist parallel oder nach links konvergent.
Beschreibung: Größe unterschiedlich, meist mittelgroß, aber auch kleinere Formen und extremer Größenwuchs möglich. Kugelig-kegelig, Gewinde flach bis stumpfkonisch, Apex stumpf. 4½ bis 5 oberseits meist wenig gewölbte Umgänge. Die Umgänge können so flach werden, daß die Flanken der Spira fast eine gerade Linie bilden. Die stärkste Krümmung der Umgänge liegt peripher, so daß hier besonders bei den weniger gewölbten Formen eine stumpfe Spiralkante erscheint, die gegen die Mündung zu stark abstumpft. Umgänge fein unregelmäßig anwachsgestreift. Kurz vor der schiefen Mündung steigt der letzte Umgang ab. Mündung ungefähr abgestutzt eiförmig, durch eine mehr oder weniger ausgeprägte Innenlippe verstärkt. Mundrand besonders seitlich wenig bis deutlich erweitert. Der Basalrand bildet eine Leiste, die fast gerade verläuft und gelegentlich eine höckerartige Schwielenbildung aufweist. Er ist umgeschlagen und geht in eine Nabelschwiele über, die den sehr engen, stichförmigen Nabel völlig verdeckt. Zwischen lateralem und basalem Mundrand befindet sich meist ein sehr stumpfer Knick. Oberer und unterer Mundrand sind meist annähernd parallel oder sie konvergieren in einem spitzen Winkel nach links. Farbzeichnung: Drei Farbstreifen in der Anordnung 00345. 3 liegt an der Mitte der Umgänge. Die Streifen sind meist dünn. Die Dicke nimmt von 3 bis 5 zu. Trotz seiner geringen Breite tritt 3 am deutlichsten hervor. Oft ist 3 noch erkennbar, während 4 und 5 bereits durch diagenetische Einflüsse verschwunden sind. Aus Öcs liegen mir zu einem geringen Prozentsatz Formen mit der Bandformel 12345 vor, wobei 123 verschmolzen sind.
Beziehungen: Diese sehr variable Art ist in ihrer Schalenform stark äußeren Einflüssen unterworfen. Als Einzelexemplar ist sie von ihrer Vorform *Cepaea gottschicki* WENZ kaum zu unterscheiden. Ein bei den meisten Exemplaren ziemlich sicher zutreffendes Unterscheidungsmerkmal ist die Mündungsform. Während bei *gottschicki* der obere und der untere Mundrand nach rechts konvergieren, sind sie bei *etelkae* parallel oder konvergieren nach links. Dies wird dadurch erreicht, daß der dorsolaterale Teil des Mundrandes

bei *etelkae* etwas nach vorn gezogen wird — eine Tendenz, die ihr Optimum bei der pliozänen Gattung *Frechenia* findet. Eine Ausnahme in dieser Hinsicht bildet die Population der *Cepaea etelkae* von Lanzendorf. Entsprechend ihrer stratigraphischen Position im Unterpannon weist diese Population noch eine *gottschicki*ähnliche Mündung auf. Ein weiterer Unterschied zwischen *gottschicki* und *etelkae* besteht darin, daß die für *gottschicki* typische horizontale Abflachung an der Oberseite der Umgänge seitlich der Naht bei *etelkae* meist nicht vorhanden ist. Auch in dieser Hinsicht bildet die Lanzendorfer Population einen Übergang. Die Variabilität nimmt im Pont zu, und es treten extrem flache neben normal gewölbten Formen auf. An Feuchtigkeit angepaßte Formen erinnern gelegentlich in der Aufgeblasenheit ihrer Umgänge an *Cepaea bulla* n. sp. Diese Art hat jedoch niemals auch nur eine Andeutung einer Spiralkante, und der obere und untere Mundrand konvergieren viel deutlicher nach links als bei *Cepaea etelkae*.

Bemerkung: Als BRUSINA seine *Helix Neumayri* aufstellte, legte er leider keine Typusexemplare bei. Er bezog sich dabei auf NEUMAYRS Definition und Abbildung der *Helix subcarinata*, die jedoch nicht der *Helix subcarinata* A. BRAUN entspricht. Da weder BRUSINA noch NEUMAYR gute Abbildungen oder Beschreibungen gaben noch Typusexemplare existieren, erachte ich den Namen *Helix Neumayri* als Nomen dubium und für ungültig.

Vorkommen: Pannon B/C: Lanzendorf, Hauskirchen; Pannon C: Mistelbach?; Pannon D: Leobersdorf (Ziegelei); Pannon E: Hennersdorf, Föllig, Küniglberg (Wien), Vösendorf; Pont F: Götzendorf; Pont F/G: Stammersdorf; Pont G/H: Angern, Velm, Gols, Schwechat, Stillfried, Ebergassing; Pont H: Eichkogel; Pont: zahlreiche ungarische Fundorte.

Ökologie: m. Aussagen über die Lebensweise der im Pannon und Pont des Wiener Beckens vorkommenden *Cepaea*-Arten lassen sich durch Vergleiche mit ihren rezenten Verwandten machen, aber auch durch die Untersuchung der Fundumstände. Rezente Verwandte sind *Cepaea nemoralis* und *Cepaea hortensis*. Diese Arten sind euryök. Ihr Lebensraum reicht von feuchten Auwäldern, wo sie selbst nasse Böden bewohnen, bis zu verhältnismäßig trockenem Kulturgelände wie Gärten und Feldraine. Dabei sind sie gegenüber der Temperatur recht unempfindlich, während übermäßige Trockenheit ihrer Verbreitung eine Grenze setzt. Am ehesten sind sie in ozeanisch beeinflußten Klimaten von Spanien bis nach Norwegen zu finden. In Mitteleuropa und hier besonders in Österreich besiedeln sie in erster Linie Räume, die eine Milderung der Sommertrockenheit erwarten lassen, wie feuchte Wälder und Augebiete. Freieres Gelände wird hier von der an feuchtere Steppen angepaßten *Cepaea vindobonensis* besiedelt. Im allgemeinen sind Cepaeen die häufigsten fossilen Landschnecken. Sie finden sich an allen Landschneckenfundorten des Wiener Beckens, sind aber dort selten, wo *Tropidomphalus (Mesodontopsis) doderleini* häufig ist. Diese Schnecke bewohnt am Ufer liegende, periodisch überschwemmte Augebiete. Hier lebten zwar auch Cepaeen, aber der Hauptlebensraum befand sich ohne Zweifel etwas vom Ufer entfernt. Allgemein gilt auch für fossile Cepaeen, daß sie in Klimaten oder Gebieten ohne längere Trockenperioden lebten. Cepaeenschalen wurden oft sehr weit transportiert, wie die Zerstörung der Schalen oder Abrollung der Splitter anzeigt. So finden wir neben gut erhaltenen oder nur in situ beschädigten Exemplaren meist viele Splitter, die zeigen, daß die Cepaeen aus einem größeren Raum stammen. Das erschwert natürlich eine genaue Aussage über die Lebensweise. In Lanzendorf deutet das häufige Vorkommen zusammen mit dem eine niedrige Ufervegetation bewohnenden *Tropidomphalus gigas* PAPP auf eine ähnliche Lebensweise. Damals dürfte das Hinterland für Landschnecken bereits zu trocken gewesen sein. In Leobersdorf finden wir *Cepaea etelkae* in Begleitung von trockenheitsliebenden Faunenelementen, in Vösendorf und besonders in Götzendorf neben einer stark feuchtigkeitsbeeinflußten Fauna. *Cepaea etelkae* ist stets dann häufig, wenn die Fauna aus einem größeren Einzugsbereich stammt. Sie scheint also ebenso wie ihre rezenten Verwandten euryök gewesen zu sein. Allerdings dürfte sie das Hinterland bevorzugt haben. *Cepaea bulla* n. sp. scheint typisch für die Feuchtigkeitsperiode zu sein, die das Pont einleitete. Sie wurde bisher nur in einer Fossilgemeinschaft gefunden, die auf besonders feuchte Klimate hinweist (Götzendorf). In Fundorten der Zone E, wo sich bereits der Beginn der frühpontischen Feuchtigkeitsphase abzeichnete, treten Übergangsformen zwischen *Cepaea etelkae* und *bulla* auf.

Rezentbeobachtungen an Cepaeen haben gezeigt, daß an feuchten Standorten diese Schnecken im Vergleich zu ihrem Weichteilvolumen weniger Schalenkalk verbrauchen als an trockenen Standorten. So ist auch die Aufgeblasenheit der *Cepaea bulla* zu verstehen, wo ein maximales Weichteilvolumen in einer minimalen Schale untergebracht wird.

Schneckeneier
Taf. 16, Fig. 1, 2a—b, 3

Zum ersten Mal wurden von LUEGER (1979a) aus festlandeuropäischen, präquartären Ablagerungen Landschneckeneier beschrieben. Sie sind sagittal oval, axial rund und kalkschalig. Ihr maximaler Durchmesser beträgt 1,2—1,3 mm, ihre Breite 0,9—1 mm.

Bei Landschnecken, die kalkschalige Eier legen, wird die Schale durch feine Kristalle aufgebaut, die in einer kalkabscheidenden Region des Spermovidukts abgelagert werden (TOMPA, 1976a). Auch an fossilen Landschneckeneiern lassen sich Kristallstrukturen erkennen, die freilich durch Fossilisationsvorgänge korrodiert sind. Die Eier sind ockergelb bis hellbraun, die Schale ist perforiert. Die Bedeutung der Foramina ist unbekannt. Aufgrund der Existenz seichter Depressionen zwischen den Perforationen nehme ich eine Entstehung der Kalkhülle aus diskret verteilten Kalkpartikeln an, die durch Kristallisation zusammenwuchsen. Ähnliche Schalenoberflächen findet man auch bei rezenten Landschneckeneiern.

Vorkommen: Pont G/H: Velm.

Mutmaßliche Eltern: Als Elterntiere kommen Landschnecken in einer Größe von 5—10 mm in Betracht. Unter den Velmer Landschnecken erfüllen lediglich *Perpolita disciformis* n. sp., *Zonitoides schaireri* SCHLICKUM und *Leucochroopsis kleini* (KLEIN) diese Bedingung. BINDER (1972) lagen ähnliche Eier aus dem Löß Niederösterreichs vor, für die er als Elterntiere *Trichia* oder *Vallonia* in Betracht zog. Eine Zugehörigkeit der Velmer Eier zur Gattung *Vallonia* kommt schon wegen der Form und Größe, aber auch dadurch nicht in Frage, weil die Eier von *Vallonia* imperforat sind (TOMPA, 1976b). Aus der Ähnlichkeit der „oviformen" Eier BINDERS, die ebenfalls perforat sind und den Velmer Exemplaren, schließe ich auf nahe Verwandtschaft der Elterntiere. Ich halte daher eine Stellung der Velmer Eier zu *Leucochroopsis kleini* wegen der nahen Verwandtschaft der pleistozänen Gattung *Trichia* und der miozänen *Leucochroopsis* für möglich. Leider ist *Leucochroopsis* ausgestorben, so daß Vergleiche mit rezenten Formen nicht möglich sind.

Schriftenverzeichnis

ANDREAE, A. 1902a. Untermiozäne Landschneckenmergel bei Oppeln in Schlesien. — Mitt. Roemer Mus. **16**: 1—8, 5 Abb.; Hildesheim.
— 1902b. Zweiter Beitrag zur Binnenconchylienfauna des Miozäns von Oppeln in Schlesien. — Mitt. Roemer Mus. **18**: 1—31, 11 Abb.; Hildesheim.
— 1904. Dritter Beitrag zur Kenntnis des Miozäns von Oppeln in Schl. — Mitt. Roemer Mus. **20**: 1—22, 15 Abb.; Hildesheim.
ANT, H. 1957. Die Verbreitung von *Pomatias elegans* in Westfalen. — Arch. Moll. **86** (1/3): 57—61, 2 Ktn.; Frankfurt a. M.
BARTHA, F. 1954. Die pliozäne Molluskenfauna von Öcs. — Földt. Int. Evk. **42** (3): 167—207, 2 Taf.; Budapest.
— 1955. Untersuchungen zur Biostratigraphie der pliozänen Molluskenfauna von Varpalota. — Földt. Int. Evk. **43** (2): 275—359, 2 Taf.; Budapest.
— 1956. Die pannonische Fauna von Tab. — Jb. ung. geol. Anst. **45** (3): 479—584, 5 Taf., 2 Tab.; Budapest.
— 1959. Feinstratigraphische Untersuchungsmethoden am Oberpannon der Balatongegend. — Jb. ung. geol. Anst. **48** (1): 1—191, 17 Taf.; Budapest.
— 1976. Die Molluskenfauna der oberpannonischen Schichten in der Tongrube der Ziegelfabrik in Balatonszentgyörgy. (Ungarisch, deutsche Zusammenfassung). — Földt. Közl. **106**: 130—149, 2 Abb.; Budapest.
— 1977. On the development of approaches to research on the Pannonian and on the up-to-date processing in Hungary. (Ungarisch, englische Zusammenfassung). — Földt. Közl. **107**: 17—26, 1 Taf.; Budapest.
BENDA, L. u. O. SICKENBERG 1975. Beiträge zur klimatischen Entwicklung des jüngeren Känozoikum im östlichen Mittelmeergebiet. — Proc. 6th Congr. reg. Comm. mediterr. neog. Stratigr.: 379—383; Preßburg.
BERGER, W. 1950. Ein paläobotanischer Beitrag zur Deutung des Pannons im Wiener Becken. — Sitzungsber. österr. Akad. Wiss. math.-naturw. Kl., Abt. 1, **159** (1—5): 65—74, 1 Abb.; Wien.
— 1951. Der gegenwärtige Stand der Tertiärbotanik im Wiener Becken. — N. Jb. Geol. Paläontol. Mh. **11**: 344—350; Stuttgart.
— 1952a. Die jungtertiären Floren des Wiener Beckens und ihre Bedeutung für die Paläoklimatologie und Stratigraphie. — Berg. Hüttenmänn. Mh. **97** (7): 125—127, 1 Taf.; Wien.
— 1952b. Neue Ergebnisse der Tertiärbotanik im Wiener Becken. — N. Jb. Geol. Paläontol. **10**: 471—479, 1 Tab.; Stuttgart.
— 1955. Neue Ergebnisse zur Klima- und Vegetationsgeschichte des europäischen Jungtertiärs. (in) E. RÜBEL u. W. LÜDI: Bericht über das Geobotanische Forschungsinstitut Rübel in Zürich für das Jahr 1954: 12—29; Zürich.
BINDER, H. 1972. Fossile Schneckeneier aus dem niederösterreichischen Löß. (in) F. BACHMAYER u. H. ZAPFE: Ehrenberg-Festschrift: 37—39, 2 Taf.; Wien.
— 1977. Bemerkenswerte Molluskenfaunen aus dem Pliozän und Pleistozän von Niederösterreich. — Beitr. Paläontol. Österr. **3**: 1—78, 14 Taf., 29 Tab., 6 Diagr.; Wien.
BOENIGK, W., G. v. d. BRIELE, K. BRUNNACKER, A. KOCI, W. R. SCHLICKUM u. F. STRAUCH 1974. Zur Pliozän-Pleistozän-Grenze im Bereich der Ville (Niederrheinische Bucht). — Newsl. Stratigr. **3—4**: 219—241, 7 Fig.; Leiden.
BOETTGER, C. R. 1921. *Carabus morbillosus* FABR. und *Otala tigri* GERV., eine Anpassungsstudie. — Abh. senckenberg. naturforsch. Ges. **37** (4) (1920): 319—326, Taf. 30—31; Frankfurt a. M.
— u. W. WENZ 1921. Zur Systematik der zu den Helicidensubfamilien Campylaeinae and Helicinae gehörigen tertiären Landschnecken. — Arch. Moll. **53**: 6—55; Frankfurt a. M.
BOETTGER, O. 1877. Clausilienstudien. — Palänotographica, N. F., Suppl. **3**: 1—122, 4 Taf.; Kassel.
— 1882. *Triptychia* Sbg. und *Serrulina* Mouss. sind als Genera aufzufassen. — Nachr.-bl. dtsch. malakozool. Ges. **14**: 33—35; Frankfurt a. M.

BOETTGER, O. 1894. H. A. PILSBRY und die Verwandtschaftsbeziehungen der Helices im Tertiär, Europas. — Nachr.-bl. dtsch. malakozool. Ges. 5—6; Frankfurt a. M.
— 1903. Zwei neue Landschnecken aus dem Tertiärkalk von Hochheim. — Nachr.-bl. dtsch. malakozool. Ges. 11—12: 182—184; Frankfurt a. M.
— 1909. Noch einmal „Die Verwandtschaftsbeziehungen der *Helix*-Arten aus dem Tertiär Europas". — Nachr.-bl. dtsch. malakozool. Ges.: 97—118; Frankfurt a. M.
BRUSINA, S. 1878. Molluscorum fossilium species novae et emendatae in tellure Dalmatiae, Croatiae et Slavoniae inventae. — J. Conchyol. 26: 1—10; Paris.
— 1893. *Papyrotheca*, a new genus of Gastropoda from the pontic steppes of Servia. — Conchologist 2: 158—163, Taf. 2; Birmingham.
— 1902. Iconographia molluscorum fossilium . . . 30 Taf.; Agram (Typographica societatis).
CLESSIN, S. 1877. Die tertiären Binnenconchylien von Undorf. — Corr.-bl. zool. mineral. Ver. Regensburg: 71—95, Taf. 7; Regensburg.
DIEMAR, F. H. 1882. Einiges über die Daudebardien der Molluskenfauna von Kassel. — Nachr.-bl. dtsch. malakozool. Ges. 14: 44—47; Frankfurt a. M.
DRAPARNAUD, J. 1801. Tableau des mollusques terrestres et fluviatiles de la France. 1—116; Paris (Renaud).
— 1805. Histoire naturelle des mollusques terrestres et fluviatiles de la France. 1—165, 13 Taf.; Paris (Colas, Gabon).
DUPUY, D. 1850. Déscription de quelques espèces de coquilles terrestres fossiles de Sansan. — J. Conch. 1: 300—315, Taf. 15; Paris.
EDLAUER, E. 1941. Die ontogenetische Entwicklung des Verschlußapparates der Clausiliiden, untersucht an *Herilla bosniensis*. — Z. wiss. Zool. 155: 129—158, 22 Abb.; Leipzig.
FAHLBUSCH, V. 1975. Report on the International Symposium on mammalian stratigraphy of the European Tertiary. — Newsl. Stratigr. 5 (2/3): 160—167, 1 Tab.; Berlin u. Stuttgart.
FALKNER, G. 1974. Über Acanthinulinae aus dem Obermiozän Süddeutschlands (Gastropoda: Pupillacea). — Arch. Moll. 104 (4/6): 229—245, Taf. 10—11, 1 Kt.; Frankfurt a. M.
FISCHER, K. 1920. Ein neuer Pupoides aus den obermiozänen Landschneckenmergeln von Frankfurt a. M. — Arch. Moll. 52: 92—94, 1 Abb.; Frankfurt a. M.
— 1922. Die fossilen Mollusken der Hydrobienschichten von Budenheim bei Mainz. 4. Nachtrag. — Arch. Moll. 54: 102—106, 1 Abb.; Frankfurt a. M.
FORCART, L. 1957a. Zur Taxonomie und Nomenklatur von *Gonyodiscus*, *Discus* und *Patula* (Enodontidae). — Arch. Moll. 86 (1/3): 29—32; Frankfurt a. M.
— 1957b. Taxionomische Revision paläarktischer Zonitinae, I. — Arch. Moll. 86 (4/6): 101—136, 19 Abb.; Frankfurt a. M.
— 1970. Die Schalenunterschiede zwischen *Catinella (Quickella) arenaria* (BOUCHARD-CHANTEREAUX) und *Succinea (Succinella) oblonga* DRAPARNAUD. — Arch. Moll. 100 (1/2): 109—111, 2 Abb., 1 Tab.; Frankfurt a. M.
GAAL, S. 1911. Die sarmatische Gastropodenfauna von Rakosd. — Mitt. ung. geol. Reichsanst. 18 (1): 1—111, Taf. 1—3, 21 Textfig.; Budapest.
GOTTSCHICK, F. 1911. Aus dem Tertiärbecken von Steinheim a. A. — Jh. Ver. vaterl. Naturk. Württemberg 66: 496—534, 1 Kt., 7 Textfig., Taf. 7; Stuttgart.
— 1920. Die Land- und Süßwassermollusken des Tertiärbeckens von Steinheim am Aalbuch. — Arch. Moll. 52: 33—66, 108—117, 163—177, 1 Taf.; Frankfurt a. M.
— 1921. Die Land- und Süßwassermollusken des Tertiärbeckens von Steinheim am Aalbuch. — Arch. Moll. 53: 163—181; Frankfurt a. M.
— 1922. Die Land- und Süßwassermollusken von Steinheim am Aalbuch. — Arch. Moll. 54: 10; Frankfurt a. M.
— 1928. Zwei neue Schneckenarten aus dem schwäbischen Obermiozän. — Arch. Moll. 60: 146—150, Taf. 2, Fig. 6—7; Frankfurt a. M.
— u. W. WENZ 1919. Die Land- und Süßwassermollusken des Tertiärbeckens von Steinheim am Aalbuch. I. Die Vertiginiden. — Nachr.-bl. dtsch. malakozool. Ges. 51: 1—23, 1 Taf. Frankfurt a. M.
— 1921. Über „*Pupa aperta*" Sandberger. — Arch. Moll. 53: 212—213, Fig. 1; Frankfurt a. M.
HAGEN, G. 1952. Die bestimmenden Umweltbedingungen für die Weichtierwelt eines süddeutschen Flußufer-Kiefernwaldes. — Veröff. zool. Staatssamml. München 2: 161—276, 20 Taf., 14 Abb.; München.
HALAVATS, J. 1911. Die Fauna der pontischen Schichten in der Umgebung des Balatonsees. — Res. wiss. Erforsch. Balatonsees 1 (1), Anh. Paläontol. Umgeb. Balatonsees 4 (2): 1—80, 3 Taf., 7 Textfig.; Wien.
— 1923. A baltavari felsöpontusi koru Molluszka-fauna. — Földt. Int. Evk. 24 (1916—1923): 395—407, Taf. 14, 2 Abb.; Budapest.

HANDMANN, R. 1887. Die fossile Conchylienfauna von Leobersdorf im Tertiärbecken von Wien. 1—47, 8 Taf.; Münster (Aschendorff).

HÄSSLEIN, L. 1958. Bemerkenswerte *Helicigona*-Vorkommen im Diluvium einer fränkischen Höhle. — Arch. Moll. **87** (1/3): 37—40, 6 Abb.; Frankfurt a. M.

HEATH, D. J. 1975. Colour, Sunlight and Internal Temperatures in the Land-Snail *Cepaea nemoralis* (L.). — Oecologia **19**: 29—38, 3 Tab.; Berlin.

HUBRICHT, L. 1952. The fossil snail eggs of the loess. — Nautilus **66**: 33—34; Greenville (Delaware).

HUMMEL, K. u. W. WENZ 1923. Eine Maar-Ausfüllung mit obermiozäner Schneckenfauna bei Homberg a. d. Ohm im nördlichen Vogelsberg. — Notizbl. Ver. Erdk. etc. **5** (6): 285—298; Darmstadt.

JOOSS, C. H. 1910. Binnenmollusken aus dem Obermiozän des Pfänders bei Bregenz am Bodensee. — Nachr.-bl. dtsch. malakozool. Ges. **42**: 19—29, 1 Abb.; Frankfurt a. M.

— 1918. Vorläufige Mitteilung über tertiäre Land- und Süßwassermollusken. — Cbl. Mineral. etc.: 287—194; Stuttgart.

— 1923. Die Schneckenfauna der süddeutsch-schweizerischen Helicidenmergel und ihre Bedeutung für die Altersbestimmung der letzteren. — N. Jb. Mineral. Beil.-b. **49**: 185—210, Taf. 11; Stuttgart.

KÄUFEL, F. 1928. Beitrag zur Kenntnis der tertiären Clausiliiden des inneralpinen Wiener Beckens. — Arch. Moll. **60**: 133—146, Taf. 2, Fig. 4—5; Frankfurt a. M.

KLAUS, W. 1977a. Der Fund einer fossilen Aleppo-Kiefer (*Pinus halepensis* HILL.) im Pannon des Wiener Beckens. — Beitr. Paläontol. Österr. **2**: 59—69, 2 Abb., Taf. 1; Wien.

— 1977b. Neue fossile Pinaceen-Reste aus dem österreichischen Jung-Tertiär. — Beitr. Paläontol. Österr. **3**: 105—127, 2 Taf.; Wien.

KLEIN, R. 1846. Conchylien der Süßwasserkalkformation Württembergs. — Jh. Ver. vaterl. Naturk. Württemberg **2**: 60—116, 2 Taf.; Stuttgart.

— 1853. Conchylien der Süßwasserkalkformation Württembergs. — Jh. Ver. vaterl. Naturk. Württemberg **9**: 203—223, Taf. 5; Stuttgart.

KLIKA, B. 1891. Die tertiären Land- und Süßwasserconchylien des nordwestlichen Böhmen. — Arch. naturwiss. Landesdurchforsch. Böhmen **7** (4): 1—121, 115 Fig.; Prag.

KRETZOI, M., E. KROLOPP, H. LÖRINCZ u. I. PALFALVY 1974. A rudabanyai alsopannoniai prehominidas lelöhely floraja, faunaja es retegtani helyzete. [Deutsche Zusammenfassung: Flora, Fauna und stratigraphische Lage der unterpannonischen Prähominiden-Fundstelle von Rudabanya (NO-Ungarn)]. — Földt. Int. Inst. geol. publ. hung.: 365—394; Budapest.

LOCARD, A. 1883. Recherches paléontologiques sur les dépots tertiaires à *Milne-Edwardsia* et *Vivipara* du pliocène inférieur du département de l'Ain. — Ann. Acad. Macon, 2. Ser. **6**: 1—166, 3 Taf.; Macon.

LÖRENTHEY, E. 1894. Einige Bemerkungen über *Papyrotheca*. — Földt. Közl. **25**: 387—392; Budapest.

— 1911. Beiträge zur Fauna und stratigraphischen Lage der pannonischen Schichten in der Umgebung des Balatonsees. — Res. wiss. Erforsch. Balatonsees **1** (1), Anh. Paläontol. Umgeb. Balatonsees **4** (3): 1—216, 3 Taf., 12 Textabb.; Wien.

LOŽEK, V. 1964a. Neue Mollusken aus dem Altpleistozän Mitteleuropas. — Arch. Moll. **93** (5/6): 193 bis 199, 6 Abb.; Frankfurt a. M.

— 1964b. Quartärmollusken der Tschechoslowakei. 1—374, 32 Taf., 91 Abb.; Prag (Tschechoslowak. Akad. Wiss.).

LUEGER, J. P. 1977. Der Fölligschotter. — Ablagerungen eines mittelpannonischen Flusses aus dem Leithagebirge im Burgenland. — Mitt. Ges. Geol. Bergbaustud. Österr. **24**: 1—10, 3 Abb., 2 Tab.; Wien.

— 1978a. Klimaentwicklung im Pannon und Pont des Wiener Beckens aufgrund von Landschneckenfaunen. — Anz. österr. Akad. Wiss. math.-naturw. Kl. **6**: 137—149, 2 Abb.; Wien.

— 1978b. Die Landschnecken im Pannon und Pont des Wiener Beckens. 1—255, 16 Taf., 12 Abb.; Wien (Phil. Diss. Univ. Wien).

— 1979a. Fossile Landschneckeneier aus dem Obermiozän von Velm (Niederösterreich). — Archiv Molluskenk. **109** (1978) (4/6): 231—235, 4 Abb.; Frankfurt a. M.

— 1979b. Überregionale Korrelationsmöglichkeiten mit Hilfe pannonischer und pontischer Landschnecken. — Anz. österr. Akad. Wiss. math.-naturw. Kl. **6**: 139—144, 1 Abb.; Wien.

MICHAUD, G. 1855. Déscription des coquilles fossiles découvertes dans les environs de Hauterive (Drôme). — Act. Soc. limn. Lyon **2**: 33—64, 2 Taf.; Lyon.

MÜLLER, O. F. 1774. Vermium terrestrium et fluviatilum, seu animalium infusorium, helminthicorum et testaceorum, non marinorum, succincta historia. **2**; Hanau u. Leipzig (Heineck u. Faber).

NOPP, H. 1974. Physiologische Aspekte des Trockenschlafs der Landschnecken. — Sitzungsber. österr. Akad. Wiss., math.-naturwiss. Kl., Abt. I, **182** (1—5): 1—75, 10 Abb.; Wien.

NORDSIECK, H. 1972. Fossile Clausilien, I. Clausilien aus dem Pliozän W-Europas. — Arch. Moll. **102** (4/6): 165—188, Taf. 9—10a, 13 Abb.; Frankfurt a. M.

NORDSIECK, H. 1974. Fossile Clausilien, II. Clausilien aus dem O. Pliozän des Elsaß. — Arch. Moll. **104** (1/3): 29—39, Taf. 1, 9 Abb.; Frankfurt a. M.
— 1976. Fossile Clausilien, III. Clausilien aus dem O.-Pliozän des Elsaß. II. — Arch. Moll. **107** (1/3): 73—82, Taf. 10—10a, 2 Abb.; Frankfurt a. M.
PAPP, A. 1951a. Über die Altersstellung der Tertiärschichten von Liescha bei Prävali und Lobnig. — Carinthia II **61**: 62—64, 1 Abb.; Klagenfurt.
— 1951b. Das Pannon des Wiener Beckens. — Mitt. geol. Ges. **39—41** (1946—1948): 99—193, 7 Abb., 4 Tab.; Wien.
— 1952. Zur Kenntnis des Jungtertiärs in der Umgebung von Krems a. d. Donau (NÖ.). — Verh. geol. Bundesanst.: 49—53; Wien.
— 1953. Die Molluskenfauna des Pannon im Wiener Becken. — Mitt. geol. Ges. **44** (1951): 85—222, 25 Taf., 1 Textabb.; Wien.
— 1955. Beitrag zur Kenntnis der Land- und Süßwasserschnecken aus dem Jungtertiär Serbiens. — Rec. trav. Inst. Geol. „Jovan Žujović" **8**: 21—34; Belgrad.
— 1957. Landschnecken aus dem limnischen Tertiär Kärntens. — Carinthia II **67**: 85—95, 2 Abb.; Klagenfurt.
— 1967. Mollusken aus dem Aderklaaer Schlier. (in) F. BACHMAYER u. H. ZAPFE: Kühn-Festschrift: 341—346, 1 Taf.; Wien.
— 1974. Landschnecken im Sarmatien der Zentralen Paratethys. (in) E. BRESTENSKA: Sarmatien. — Chronostratigr. und Neostratotypen **4**: 377—385, 3 Fig., 3 Taf.; Preßburg.
— u. E. THENIUS 1954. Vösendorf — ein Lebensbild aus dem Pannon des Wiener Beckens. — Mitt. geol. Ges. **46** (1953) (Sonderbd.): 1—109, 15 Taf.; Wien.
PFEFFER, G. 1929. Zur Kenntnis tertiärer Landschnecken. — Geol. paläontol. Abh. **3**: 1—230, 3 Taf.; Jena.
REUSS, A. 1852. Die tertiären Süßwassergebilde des nördlichen Böhmens und ihre fossilen Thierreste. — Paläontogr. **2** (1): 1—42, Taf. 1—3; Kassel.
SANDBERGER, F. 1875. Land- und Süßwasserconchylien der Vorwelt.: 1—100, 36 Taf.; Wiesbaden (Kreidel).
— 1885. Fossile Binnenconchylien aus den Inzersdorfer (Congerien-)Schichten von Leobersdorf in Niederösterreich und aus dem Süßwasserkalke von Baden. — Verh. geol. Reichsanst.: 393—394; Wien.
— 1886. Bemerkungen über fossile Conchylien aus dem Süßwasserkalke von Leobersdorf bei Wien (Inzersdorfer Schichten). — Verh. geol. Reichsanst.: 331—332; Wien.
SCHILDER, F. A. 1956. Die mitteltertiären Cepaeae des Mainzer Beckens. — Arch. Moll. **86** (1/3): 37 bis 40, 2 Abb.; Frankfurt a. M.
SCHLICKUM, W. R. 1970. Neue tertiäre Landschnecken. — Arch. Moll. **100** (1/2): 83—87, 9 Abb.; Frankfurt a. M.
— 1975. Die oberpliozäne Molluskenfauna von Cessey-sur-Tille (Département Côte d'Or). — Arch. Moll. **106** (1/3): 47—79, Taf. 4—6; Frankfurt a. M.
— 1976. Die in der pleistozänen Gemeindekiesgrube von Zwiefaltendorf a. d. Donau abgelagerte Molluskenfauna der Silvanaschichten. — Arch. Moll. **107** (1/3): 1—31, Taf. 1—5; Frankfurt a. M.
— 1978. Zur oberpannonen Molluskenfauna von Öcs, I. — Arch. Moll. **108** (4/6): 245—262, Taf. 18—19, 2 Abb.; Frankfurt a. M.
— 1979a. Zur oberpannonen Molluskenfauna von Öcs, II. — Archiv Molluskenk. **109** (4/6): 407—415, 1 Taf.; Frankfurt a. M.
— 1979b. *Helicodiscus (Hebetodiscus)*, ein altes europäisches Faunenelement. — Archiv Molluskenk. **110** (1/3): 67—70, 3 Abb.; Frankfurt a. M.
— u. F. STRAUCH 1970. Fossile Arten der Gattung *Soosia* P. HESSE und *Helicigona* RISSO. — Arch. Moll. **100** (3/4): 165—177, Taf. 12, 1 Abb.; Frankfurt a. M.
— 1971. Die neue Helicidengattung *Frechenia* aus dem westeuropäischen Pliozän. — Arch. Moll. **101** (1/4): 145—157, Taf. 8—9, 3 Abb.; Frankfurt a. M.
— 1972a. Zwei neue Landschneckengattungen aus dem Neogen Europas. — Arch. Moll. **102** (1/3): 71—76, 10 Abb.; Frankfurt a. M.
— 1972b. Vier Beiträge zur neogenen Landschneckenfauna Europas. — Arch. Moll. **102** (1/3): 77—84, 8 Abb.; Frankfurt a. M..
— 1973. Die neogene Gastropoden-Gattung *Mesodontopsis* PILSBRY 1895. — Arch. Moll. **103** (4/6): 153—174, 14 Abb.; Frankfurt a. M.
— 1975. Zur Systematik westeuropäischer neogener Zonitidae. — Arch. Moll. **106** (1/3): 39—45, Taf. 3; Frankfurt a. M.
— u. G. TRUC 1972. Neue jungpliozäne Arten der Gattung *Acanthinula* BECK und *Spermodea* WESTERLUND. — Arch. Moll. **102** (4/6): 189—193, 3 Abb.; Frankfurt a. M.

Schlosser, M. 1907. Die Land- und Süßwassergastropoden vom Eichkogel bei Mödling. — Jb. geol. Reichsanst. **57**: 753—791, 1 Taf.; Wien.

Schütt, H. 1967. Die Landschnecken der untersarmatischen Rissoenschichten von Hollabrunn, NÖ. — Arch. Moll. **96** (3/6): 199—222, 24 Abb.; Frankfurt a. M.

Soos, L. 1934. Az Öcsi felsö-pontusi Mollusca-Faunaja. — Allatani Közl. **31** (3/4): 183—210, 12 Abb.; Budapest.

Steklov, A. A. 1966. Terrestrial neogene mollusks of Ciscaucasia and their stratigraphic importance. (Russisch). — Russ. Akad. Wiss.: 1—262, 14 Taf., 81 Textabb.; Moskau.

Strauch, F. 1972. Zur Klimabindung mariner Organismen und ihre geologisch-paläontologische Bedeutung. — N. Jb. Geol. Paläontol. Abh. **140** (1): 82—127, 7 Abb., 9 Tab.; Stuttgart.

— 1977. Die Entwicklung der europäischen Vertreter der Gattung *Carychium* O. F. Müller seit dem Miozän (Mollusca: Basommatophora). — Arch. Moll. **107** (4/6): 149—193, Taf. 13—20, 5 Abb.; Frankfurt a. M.

Tauber, A. F. 1941. Die Bedeutung rezenter, mariner und limnischer Geröllwanderung für das Auftreten von exotischen Geröllen mit Beispielen aus den tertiären Sedimenten des Wiener Beckens. — Jb. Reichsst. Bodenforsch. **61** (1940): 79—108, 10 Abb.; Wien.

Tompa, A. S. 1976a. Calcification of the egg of the land snail Anguispira alternata (Gastropoda: Pulmonata). (in) N. Watabe u. K. Wilbur (eds.): Mechanismus of Mineralization in the Invertebrates and Plants.: 427—444, 36 Fig., 1 Tab.; Columbia (Univ. South Carolina Press).

— 1976b. A Comparative Study of the Ultrastructure and Mineralogy of Calcified Land Snail Eggs (Pulmonata: Stylommatophora). — J. Morphol. **150** (4): 861—887, 29 Fig., 1 Tab.; Philadelphia.

Troll, O. v. 1907. Die pontischen Ablagerungen von Leobersdorf und ihre Fauna. — Jb. k. k. geol. Reichsanst. **57** (1): 33—90, Taf. 2; Wien.

Truc, G. 1971a. Helicidae nouveaux du Miocène supérieur bressan; réflexions sur le genre *Tropidomphalus*. — Arch. moll. **101** (5/6): 275—287, Taf. 17—18, 1 Abb.; Frankfurt a. M.

— 1971b. Heliceae (Gastropoda) du néogène du bassin Rhôdanien (France). — Géobios **4**: 273—327, Taf. 15—18; Lyon.

— 1972. Clausiliidae (Gastropoda, Euthyneura) du néogène du bassin Rhôdanien (France). — Géobios **5** (3): 247—275, 19 Fig., Taf. 17—19; Lyon.

Vohland, A. 1910. Streifzüge im östlichen Erzgebirge. II. Ein Beitrag über Flußanspülungen. — Nachr.-bl. dtsch. malakozool. Ges. **42**: 1—12; Frankfurt a. M.

Wenz, W. 1911. Fossile Arioniden im Tertiär des Mainzer Beckens. — Nachr.-bl. dtsch. malakozool. Ges. **43**: 171—178, 2 Abb.; Frankfurt a. M.

— 1915. Die fossilen Arten der Gattung *Strobilops* Pilsbry und ihre Beziehungen zu den lebenden. — N. Jb. Mineral. etc. **2**: 63—88, Taf. 4, 11 Fig.; Stuttgart.

— 1919. Neue Zonitiden aus den Landschneckenkalken von Hochheim. — Senckenbergiana **1** (3): 69—71, 3 Abb.; Frankfurt a. M.

— 1920. Landschnecken aus den marinen Sanden der tortonischen Stufe des Wiener Beckens von Vöslau und Sooß. — Senckenbergiana **2**: 110—113, 2 Abb.; Frankfurt a. M.

— 1921a. Über die zoogeographischen Beziehungen der Land- und Süßwassermollusken des europäischen Tertiärs. — Cbl. Mineral. etc. **22**: 687—694, **23**: 713—721; Wien.

— 1921b. Zur Fauna der pontischen Schichten von Leobersdorf. — Senckenbergiana **3** (1/2): 23—33, 5 Abb.; Frankfurt a. M.

— 1921c. Zur Fauna der pontischen Schichten von Leobersdorf. — Senckenbergiana **3** (3/4): 76—86; Frankfurt a. M.

— 1922. Eine neue *Lauria* aus dem Obermiozän von Steinheim am Aalbuch. — Arch. Moll. **54**: 106 bis 109, 1 Abb.; Frankfurt a. M.

— 1923. Gastropoda extramarina tertiaria. (in) C. Diener: Fossilium catalogus. I. Animalia **18** (1): 1—352, **19** (2): 353—736, **20** (3): 737—1068, **21** (4): 1069—1420, **23** (6): 1735—1862; Berlin.

— 1924a. Die Flammenmergel der Silvanaschichten und ihre Fauna. — Jber. u. Mitt. oberrhein. geol. Ver. **13**: 181—186; Stuttgart.

— 1924b. Die Land- und Süßwassermolluskenfauna der Rieskalke. — Jber. u. Mitt. oberrhein. geol. Ver. **13**: 187—189; Stuttgart.

— 1927. Weitere Beiträge zur Fauna der pontischen Schichten von Leobersdorf. — Senckenbergiana **9**: 41—48, Taf. 2; Frankfurt a. M.

— 1928. Zur Fauna der pontischen Schichten von Leobersdorf und vom Eichkogel bei Mödling. — Senckenbergiana **10** (1/2): 5—9, 2 Abb.; Frankfurt a. M.

— 1933. Zur Land- und Süßwassermolluskenfauna der subalpinen Molasse des Pfändergebietes. — Senckenbergiana **15** (1/2): 7—12; Frankfurt a. M.

— 1935. Weitere Beiträge zur Land- und Süßwasser-Molluskenfauna der subalpinen Molasse des Pfändergebietes. — Senckenbergiana **17** (5/6): 223—225; Frankfurt a. M.

WENZ, W. 1942a. Die Mollusken des Pliozän der rumänischen Erdöl-Gebiete. — Senckenbergiana **24**: 1—293, 71 Taf.; Frankfurt a. M.
— 1942b. Zur Kenntnis der fossilen Land- und Süßwassermollusken Venetiens. 1—51; Padua.
— 1944. Prosobranchia. (in) O. H. SCHINDEWOLF: Handbuch der Paläozoologie **6** (1—7) (Allgemeiner Teil und Prosobranchia): 1—1639, 4211 Abb.; Berlin.
— u. A. EDLAUER 1942. Die Molluskenfauna der oberpontischen Süßwassermergel vom Eichkogel bei Mödling, Wien. — Arch. Moll. **74** (2/3): 82—98, 1 Taf.; Frankfurt.
— u. A. ZILCH 1960. Gastropoda. Teil 2: Euthyneura. (in) O. H. SCHINDEWOLF (ed.): Handbuch der Paläozoologie **6**: 1—834, 2515 Abb.; Berlin.
ZAPFE, H. 1969. Das Vorkommen fossiler Landwirbeltiere im Jungtertiär Österreichs und besonders des Wiener Beckens. — Sitzungsber. österr. Akad. Wiss., math.-naturwiss. Kl., Abt. I, **177** (1—3): 65—87, 2 Abb., 1 Tab.; Wien.
ZEISSLER, H. 1963. Ein Hochwasser-Spülsaum eines kleinen Baches und die Bedeutung solcher Funde für die Beurteilung fossiler Mollusken-Thanatozönosen. — Arch. Moll. **92** (3/4): 145—168, 1 Kt.; Frankfurt a. M.
— 1970. Torso einer Bestimmungstabelle für Limaciden-Schälchen. — Mitt. zool. Ges. Braunau **1** (9): 170—172; Braunau.

Herbert Ant

DIE LANDSCHNECKEN IM PANNON UND PONT DES WIENER BECKENS
II.

Fundorte, Stratigraphie, Faunenprovinzen

JOSEF PAUL LUEGER

(Vorgelegt in der Sitzung der m.-n. Klasse am 27. März 1980 durch das w. M. Wilhelm KÜHNELT)

Inhalt

Die Fundorte 87

   Ökologische Analyse der Fundorte 88

   Beschreibung der Fundorte 89

      Lanzendorf 89
      Hauskirchen 90
      Mistelbach 91
      Leobersdorf (Sandgrube und Schottergrube) 91
      Leobersdorf (Ziegelei Polsterer) 92
      Leobersdorf (Heilsamer Brunnen) 93
      Leobersdorf (Autobahnabfahrt) 95
      Inzersdorf 95
      Hennersdorf 95
      Vösendorf 96
      Föllig bei Großhöflein 97
      Götzendorf 97
      Sollenau 98
      Stammersdorf-Rendezvousberg 99
      Gänserndorf 99
      Leopoldsdorf 99
      Mannersdorf bei Angern 99
      Schwechat 100
      Fischamend 100
      Markgrafneusiedl 100
      Gols 100
      Ebergassing 101
      Velm 101
      Angern 102
      Richardshof bei Gumpoldskirchen 103
      Eichkogel bei Mödling 104

Stratigraphie 106

   Biostratigraphische Gliederung des Pannons und Ponts im Wiener Becken . . . 106

      Gesamtdarstellung der biostratigraphischen Reichweiten 107
      Abgrenzung und Gliederung — Leitfossilien 108

   Vergleich mit sarmatischen Faunen 109

      Hollabrunn 109
      Reisperbachtal bei Krems-Stein 110
      Steinheim am Aalbuch (Württemberg) 110
      Sarmatfaunen Ungarns 111

      Vergleich mit den obermiozänen Faunen Süd- und Südosteuropas 111
          Venetien 111
          Serbien 111
          Rumänien 112
      Vergleich mit den Faunen des niederrheinischen und französischen Pliozäns . . . 112
          Cessey-sur-Tille 112
          Pliozäne Deckschichten der niederrheinischen Braunkohle 112
      Vergleich mit dem österreichischen Pliozän 113
          Stranzendorf 113
      Vergleich mit den pontischen Faunen Ungarns 113
Überregionale Korrelationsmöglichkeiten 114
Paläogeographischer Überblick — Faunenprovinzen 114
Zusammenfassung 117
Schriftenverzeichnis 118
Fossilnamenindex 120

Die Fundorte (Übersicht Abb. 1)

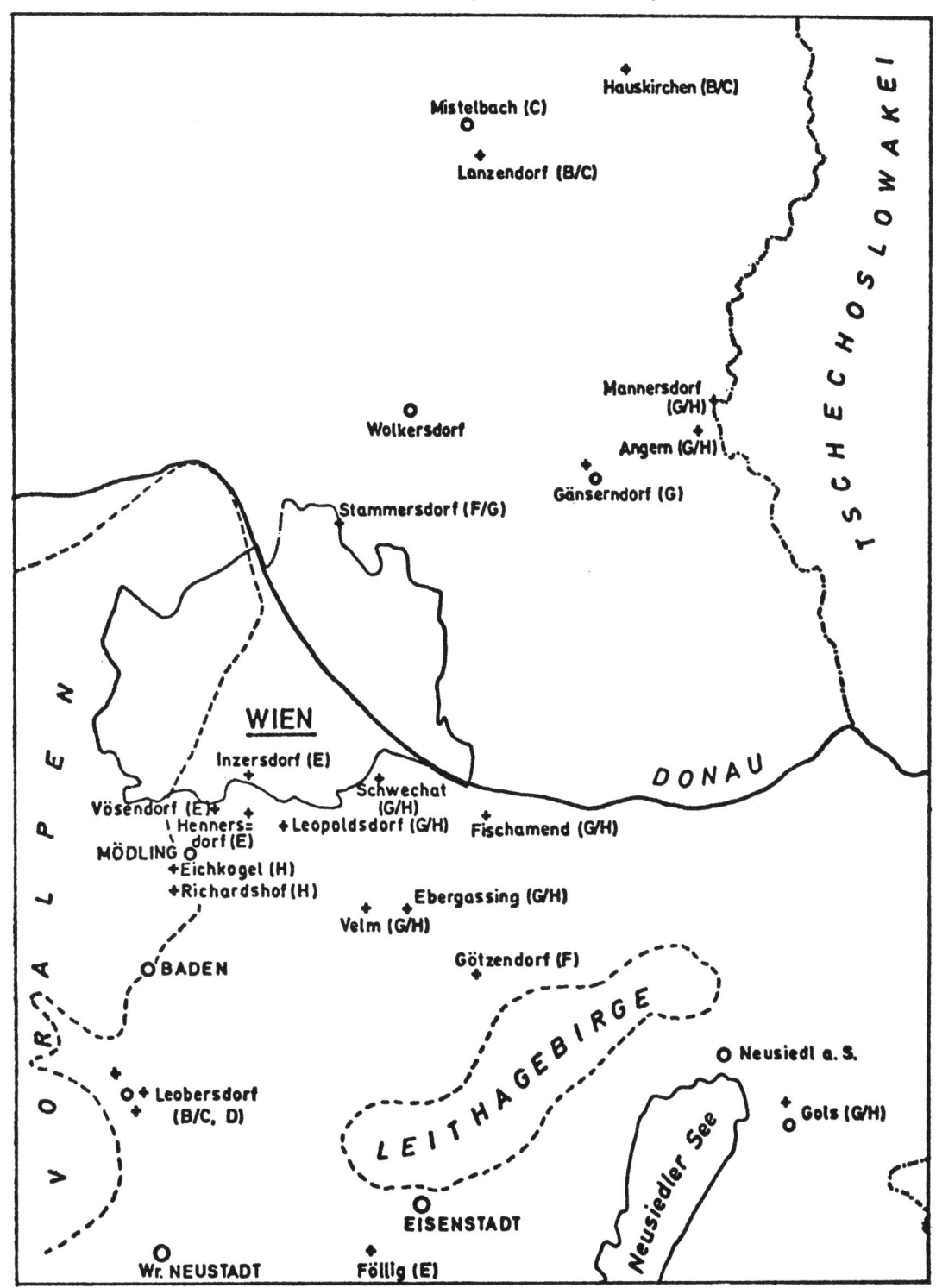

Abb. 1. Übersicht über die Fundorte

In diesem Teil sollen die wichtigeren Landschneckenfundorte dokumentiert und stratigraphisch eingestuft werden. Der ökologischen Analyse ist breiter Raum gegeben. Die stratigraphische Einstufung erfolgte soweit wie möglich ohne Einbeziehung der Landschnecken, weil ja von der stratigraphischen Stellung des Fundortes erst auf die stratigraphischen Reichweiten der Landschnecken geschlossen werden soll (s. a. S. 106).

Ökologische Analyse der Fundorte

(Zur Ökologie der angeführten Landschnecken siehe Teil I)

Wesentlich schwieriger als im Pleistozän gestaltet sich die Rekonstruktion der Lebensräume, in denen die Landschnecken des untersuchten Zeitabschnittes lebten. Diese Schwierigkeiten haben in erster Linie folgende Gründe:

— Relative Fossilarmut der Sedimente und nur wenige, meist schlechte Aufschlüsse.
— Allochthonie (fast ausschließliches Auftreten in Zusammenschwemmungen oder Flußgenisten).
— Manchmal selektive Zerstörung ganzer Faunenanteile.
— Fast völlige Unkenntnis über die lokale Paläogeographie und -morphologie.

Aufgrund der genannten Schwierigkeiten unterscheidet sich die Methode der ökologischen Untersuchung von derjenigen an pleistozänem Fossilmaterial wie folgt:

Eine geringmächtige Horizonte unterscheidende Sammelmethode ist nicht nur wegen der meist schlechten Aufschlußverhältnisse unmöglich, sondern auch, weil geringe Proben keine repräsentative Fauna ergeben und durch eine derartige Sammelmethode nur Zufallsergebnisse zu erwarten sind. Außerdem könnte dadurch das unentbehrliche Material älterer Autoren nicht herangezogen werden.

Die stets allochthone Lagerung der Fossilien in Zusammenschwemmungen und Flußgenisten bringt ohnedies eine meist deutliche Verfälschung der Häufigkeitsverhältnisse mit sich, die durch selektive Zerstörung, Frachtsonderung usw. noch vergrößert wird. Aufgrund der praktisch völligen Unkenntnis der lokalen Paläogeographie und -morphologie ist es prinzipiell auch unmöglich, aus der Häufigkeit der Fossilien im Fossillager genaue Angaben über die tatsächliche Häufigkeit zu erhalten. Gerade diese ist aber in den pleistozänen Sedimenten aufgrund weitgehender Autochthonie zu ermitteln und in Verteilungsspektren ausdrückbar. In tertiären Sedimenten hingegen muß bei der Erstellung der Untersuchungsmethode von folgenden Arbeitshypothesen ausgegangen werden:

1. Die entnommenen Proben sind bezüglich ihres Fauneninhalts homogen.

2. Die bezüglich des Auftretens im Fossillager getroffenen Angaben „häufig" und „selten" treffen auch auf die Häufigkeit am Lebensstandort zu.

3. Aus der Lebensweise verwandter rezenter Arten kann auf die Lebensweise fossiler Arten geschlossen werden.

Diese Hypothesen können nicht überprüft werden, jedoch ergeben sich für sie gewisse Anhaltspunkte:

Ad 1. Die Sedimentationsgeschwindigkeit war im allgemeinen rasch (meist fluviolakustrische Ablagerungen), das heißt, es liegen zeitlich weit getrennte Faunen auch im Profil weit auseinander, so daß eine Probe mit großer Wahrscheinlichkeit keine Fauna enthält, die einen großen Umschwung der Lebensumstände widerspiegelt (keine „kondensierten" Faunen).

Ad 2. ZEISSLER (1963) und VOHLAND (1910), die sich beide mit Landschneckenfaunen in Flußanspülungen befaßten, kommen übereinstimmend zu dem Schluß, daß das Faunenspektrum in den Flußgenisten nicht der wahren Häufigkeit entspricht. Dennoch zeigen beide Untersuchungen, daß grobe Einteilungen in Häufigkeitsgruppen (wie etwa „häufig" und „selten") doch ungefähr auch auf die wahren Verteilungen zutreffen. Eine engere Einteilung ist jedoch besonders bei Unkenntnis der lokalen Paläogeographie nicht sinnvoll.

Ad 3. Diese Hypothese ist ein anerkannter Grundsatz der Aktuopaläontologie, der davon ausgeht, daß morphologische Merkmale durch Lebensumstände beeinflußt werden und somit aus einer ähnlichen Morphologie auf eine ähnliche Ökologie geschlossen werden kann. Somit sind also morphologisch prägnante Arten von besonderem ökologischen Interesse. Unsicherheiten bestehen insofern, als gelegentlich gleiche oder nah verwandte Arten zu verschiedenen Zeiten gänzlich unterschiedliche Ansprüche an den Lebensraum stellen, wie u. a. STRAUCH (1972: 89) zeigen konnte.

Alle behandelten Fundorte stellen fluvio-lakustrische Zusammenspülungen meist in Form von Flußgenisten dar, lediglich die Süßwasserkalke und -mergel des oberen Pont enthalten zum Teil parautochthone Fossilien, die jedoch ebenfalls durch Überschwemmungen mit einem allochthonen Faunenanteil überprägt sind. Die Schnecken stammen daher immer aus der Uferregion eines (Fließ-)Gewässers oder aus dessen näherem oder fernerem Einzugsgebiet, was sich stets auch durch die Sedimentologie (Flußgerölle, Schrägschichtung) erweist. Demzufolge hängt die Häufigkeit der Arten u. a. davon ab, wieweit deren Standorte vom Fundort entfernt waren. Die feuchtesten Standorte sind natürlich immer dem transportierenden Gewässer am nächsten gelegen. Die Ausdehnung dieser Standorte ist klimaabhängig, so daß bei trockenen Klimazuständen die feuchten Standortzonen auf einen mehr oder weniger engen, parallel zum Gewässerufer verlaufenden Streifen zurückgedrängt werden und sich demzufolge der Anteil der Schnecken verringert, die feuchte Standorte bevorzugen. Dieses Verhältnis kann daher unter Berücksichtigung auch anderer ökologischer, aber auch biostratinomischer Hinweise als wichtiges Klimaindiz verwendet werden.

Beschreibung der Fundorte

Zeichenerklärung: Den Arten, die in der Zone, in der der jeweilige Fundort liegt, erstmalig auftreten, wird ein * vorangesetzt, denen, die aussterben, ein †.

Ökologische Kurzbezeichnungen siehe Teil I, S. 9.

Lanzendorf (Pannon B/C)

Lage: Sandgrube 1250 m SSE Mistelbach Kote 195 (Bahnübergang), 750 m WSW Kote 217 (Kapelle von Ebersdorf) am NE-Ufer des Bründlbaches (Karte von Österreich 1:50.000, Blatt 25 Poysdorf).

Fundumstände: Der größte Teil der Landschneckenfauna stammt aus sandigen Schotterlinsen, die fast flächenmäßig aufgeschlossen sind, weil sie nur wenige Zentimeter unter der mittleren Abbaustufe des Aufschlusses anstehen. Sie bilden Linsen in einem ursprünglich grüngrauen Mittelsand, der gelegentlich durch Eisenausfällungen rostrot verfärbt ist. Die Schotter selbst bilden augenfällige Eisenoxidausfällungszonen. Das Sediment enthält zahllose umgelagerte Sarmatfossilien. Die pannonische Fauna ist als synchron allochthon zu betrachten, da der Erhaltungszustand teilweise ausgezeichnet ist, was bei heterochron allochthonen Landschnecken nicht zu erwarten ist. Außer Landschnecken enthält sie noch *Margaritifera flabellata* (GOLDFUSS), *Pisidium amnicum* (O. F. MÜLLER) und *Theodoxus* sp.

Einstufung: Nach der geologischen Position gehört der Fundort dem Mistelbacher Schotterfächer an und somit ins Unterpannon. Auch die Fauna spricht dafür. So kommt *Strobilops tiarula* im Pont nirgends mehr vor. Die sehr häufige *Cepaea etelkae* zeigt starke Anklänge der Schalenmorphologie an ihren Vorläufer *Cepaea gottschicki* und ist somit eine etwas altertümlichere Form als die von Leobersdorf (Pannon D). Ich halte somit eine Einstufung in das Pannon B/C für gerechtfertigt.

Landschneckenfauna:

Art	Ökologie der häufigen Arten	seltenen
* *Strobilops tiarula*		Of?
Discus pleuradrus		W
Aegopinella orbicularis		W
* *Triptychia (Triptychia) leobersdorfensis*		Wh
* *Klikia (Apula) coarctata planispira*		Wh
† *Tropidomphalus (Pseudochloritis) gigas*	m	
* *Cepaea etelkae*	m	

Die Fauna ist gekennzeichnet durch das totale Überwiegen euryöker mesophiler Arten. Ausgesprochene Waldformen und Bewohner feuchter Standorte treten stark in den Hintergrund, aber auch mutmaßliche Bewohner offener Landschaften sind selten. Vertiginiden fehlen völlig. Dieses Fehlen ist zweifellos ein primäres. Jedenfalls kann ihre geringe Größe nicht als Grund für ihre eventuelle selektive Zerstörung angenommen werden, weil das Sediment zahlreiche kleinwüchsige heterochron allochthone Fossilien von gutem Erhaltungszustand enthält. Feuchte Standorte scheinen stark in den Hintergrund zu treten, was auf ein ausgesprochen trockenes Klima hinweist. Dieses Ergebnis wird auch durch die Schalenmorphologie von *Cepaea etelkae* bestätigt (LUEGER, 1978). Eine starke Erwärmung des Gewässers und hohe Verdunstungsgeschwindigkeit wird auch durch die teilweise starke Versinterung der Schalen angezeigt.

Ein ähnliches ökologisches Bild bietet sich auch in Hauskirchen und Mistelbach (S. 91), jedoch scheinen hier die Faunen für eine ökologische Aussage zu unvollständig.

Landschaftsbild: Das Landschaftsbild war vermutlich das einer trockenen Savannen- und Steppenlandschaft mit eher geringem Waldanteil, die durch Flüsse mit schmalen Zonen feuchter Standorte durchzogen war, in denen die Hauptmasse der Landschnekken ihre Verbreitung fand. Savannen oder steppenartige Gebiete müssen ja auch wegen des Auftretens von *Hipparion* angenommen werden, das ja Wald und Savannen bevorzugte.

Hauskirchen (Pannon B/C)

[Siehe auch LUEGER (1979b)]

Lage: Schottergrube W Hauskirchen, 500 m SSE Kote 230 (Reinberg), 1000 m ENE Kote 176 (Zayabrücke) (Karte von Österreich 1:50.000, Blatt 25 Poysdorf).

Fundumstände: Hangendpartien des Aufschlusses. Undeutlich geschichtete und schlecht sortierte Schotter mit lehmig-feinsandiger Matrix. Manche Schotterkörner, aber auch Fossilien sind mit unregelmäßigen, knolligen, porösen Kalkkrusten überzogen. Das Sediment deutet auf hohe Strömungs- und Ablagerungsgeschwindigkeit. Viele umgelagerte Sarmatfossilien.

Einstufung: Nach der geologischen Lage gehört das Sediment zum Mistelbacher Schotterfächer. Eine sarmatische Stellung ist aufgrund des Vorkommens von *Congeria hoernesi* oder *ornithopsis* unmöglich. Die Cepaeae zeigen dieselben schalenmorphologischen Besonderheiten wie in Lanzendorf, woraus sich auch für diesen Fundort eine Stellung im Pannon B/C ergibt.

Landschneckenfauna: *Succinea (Succinella) oblonga*, *Tropidomphalus (Pseudochloritis) gigas*, *Cepaea etelkae*.

Mistelbach (Pannon C)

Lage: Sand- und Schottergrube (nunmehr Mülldeponie) 550 m NE Kote 195 (Bahnübergang in Mistelbach), N Straße Mistelbach—Wilfersdorf (Karte von Österreich 1:50.000 Blatt 25 Poysdorf).

Fundumstände: Lehmige bis schottrige Sande und eine mergelige Tonlage mit seltenen *Congeria partschi* in Lebensstellung. Die Fossilien sind äußerst schlecht erhalten und meist stark verdrückt. Im Sand und im Ton sind Landschnecken die häufigsten Fossilien.

Einstufung: Aufgrund des autochthonen Vorkommens von *Congeria hoernesi* und *Congeria partschi* sind die Sedimente in das Pannon C einzustufen. Die Sande gehören dem Mistelbacher Schotterfächer an.

Landschneckenfauna: *Klikia kaeufeli*, *Tropidomphalus* sp. (?*zelli depressus*), *Cepaea etelkae*.

Leobersdorf — Sandgrube und Schottergrube (Pannon B/C)
[Nach TROLL (1907) und PAPP (1951)]

Lage: Sand- und Schottergrube S Abzweigung zum Heilsamen Brunnen, E Straße Leobersdorf—Matzendorf. Nicht mehr vorhanden.

Fundumstände: TROLL (1907: 37) schreibt: „In derselben sind Schotter- und Sandlagen zu beobachten, der Sand ist von gelblicher Farbe. Beide Ablagerungen beherbergen die gleiche Fauna ..." PAPP (1951: 107—108) gibt an, daß die unteren Lagen durch Sande mit *Congeria ornithopsis* und *Melanopsis impressa posterior* gebildet würden, die eine Mächtigkeit von 0,5—2,0 mm erreichen. Darüber folgen diskordant Schotter und Grobsande, die als wichtigste Arten *Melanopsis fossilis*, *Congeria hoernesi* und *Congeria partschi* enthalten. Überall sind allochthone Sarmatfossilien häufig. PAPP (1951: 109) nimmt eine starke Beeinflussung des Schotters durch Thermalquellen und damit einen gewissen terrestrischen Einfluß an.

Einstufung: Die unter der Diskordanz liegenden Sande sind als Pannon Zone B definiert (PAPP 1951: 108), die darüberliegenden grobklastischen Schichten jedoch als Zone C (PAPP 1951: 110). TROLL (1907: 37) schreibt: „Beide Ablagerungen (gemeint sind Sand und Schotter, Anm.) beherbergen die gleiche Fauna." Da nun die meisten Landschnecken aus dieser Lokalität von TROLL gesammelt wurden und er offenbar keine biostratigraphische Unterscheidung zwischen Sand und Schotter traf, ist die stratigraphische Einordnung der von TROLL gesammelten und hier bearbeiteten Landschnecken in eine der Zonen B oder C unmöglich.

Landschneckenfauna:

Art	Ökologie der häufigen Arten	seltenen
† *Acme (Platyla) subpolita*		W
*† *Renea (Pleuracme) leobersdorfensis*		—
* *Carychium pachychilus*	Hh	
Negulus suturalis gracilis		—
* *Truncatellina strobeli suprapontica*		Oxf
* *Gastrocopta edlaueri*		—
Gastrocopta nouletiana	m?	
* *Gastrocopta fissidens infrapontica*		—
* *Leiostyla austriaca*		—
* *Strobilops tiarula*		Of?

	Ökologie der	
Art	häufigen	seltenen
	Arten	
*† *Papyrotheca mirabilis*		—
Discus pleuradrus	W	
Helicodiscus roemeri		X?
Vitrea procrystallina steinheimensis		W(m)
Aegopinella orbicularis		W(O)
* *Oxychilus procellarius*		m
Milax sp.	W(f)	
Limax sp. (kleine Arten)	m	
*† *Triptychia limbata* n. ssp.		h?
* *Nordsieckia fischeri pontica*		—

Wie in Lanzendorf überwiegen auch hier mesophile Arten. Der Anteil der Waldarten ist aber bedeutend höher. Auch Bewohner feuchter Standorte sind bedeutend häufiger. Die Artenzahl ist gegenüber Lanzendorf größer, was den Schluß zuläßt, daß nicht extreme Biotope vorlagen, wie sie die Lanzendorfer Fauna anzeigt. Selten findet sich jedoch auch *Truncatellina strobeli suprapontica*, deren rezente Verwandte trockene, felssteppenartige Biotope bewohnt. Das Vorhandensein offener, möglicherweise felsiger Landschaften wird aber auch durch *Strobilops tiarula* angezeigt. Der Grund für das Fehlen der Heliciden ist mir unbekannt. Vielleicht geht es auf die Sammelmethode zurück, die Landschnecken durch Herausklopfen der Sedimentausfüllung aus großen Melanopsiden zu gewinnen.

Landschaftsbild: Waldsteppen mit allen Übergängen von Wald bis Steppe. An den Flüssen vermutlich mäßig breite feuchte Abschnitte, die jedoch bald in trockenere Waldgebiete übergehen.

Stratigraphische Bemerkungen zu Lanzendorf, Hauskirchen, Mistelbach und Leobersdorf — Sand-/Schottergrube: Gemeinsamkeiten zwischen den einzelnen Faunen sind spärlich. Der an sarmatische Formen erinnernde *Tropidomphalus gigas* kommt nur in Hauskirchen und Lanzendorf vor, während in Mistelbach kleinere unbestimmbare Formen auftreten. Die Abgrenzung von den Faunen des Sarmats ist besonders in Mistelbach und Hauskirchen deutlich, wo überhaupt keine sarmatischen Landschneckenarten vorkommen. Auch in Lanzendorf reichen nur die Durchläufer *Discus pleuradrus* und *Aegopinella orbicularis* aus dem Sarmat ins Pannon. Auch die Leobersdorfer Fauna ist durch das Erstauftreten von elf Arten oder Unterarten (mehr als die Hälfte) von sarmatischen Faunen deutlich unterschieden.

Acme subpolita und *Triptychia limbata* sterben vermutlich aus. Nur in Zone B/C wurde *Papyrotheca mirabilis* und *Tropidomphalus gigas* gefunden, die aber aufgrund ihres nicht allgemeinen Vorkommens keine guten Leitfossilien darstellen.

Leobersdorf — Ziegelei Polsterer (Pannon D)

[Nach TROLL (1907: 34—37) und PAPP (1951: 112—113) und eigenen Beobachtungen.]

Lage: Aufschlüsse Nr. 1 und 2 nach PAPP (1951: Abb. 1) = Tongrube S Haltestelle Wittmannsdorf bei Leobersdorf.

Fundumstände: Am Westende der Grube standen Süßwasserkalke an, die aufgrund ihrer Fauna nach PAPP (1951: 113) in die Zone D zu stellen sind. Die aus dieser Schicht stammenden Fossilien sind auch bei schlechter Fundortangabe leicht als aus dem Süßwasserkalk stammend zu erkennen, weil sie meist von gelblicher Farbe und mit einem festen bis leicht löchrig-bröckeligen Kalksediment gefüllt sind. Handstücke zeigen, daß hier ein reicheres Pflanzenwachstum herrschte.

Ein weiteres, leider unbeschriebenes Sediment ist die in der Sammlung TROLL (Naturhistorisches Museum Wien, Geologisch-paläontologische Abteilung) bezeichnete „Pupenschicht". Aus Schlämmproben geht hervor, daß es sich dabei um violette Feinsande handelt, die aufgrund des Vorkommens von *Melanopsis varicosa* und *nodifera* nach PAPP (1951: 111 und 112) in die Zone D zu stellen sind. Auch hier war starker Süßwasserzufluß vorherrschend. In diesem Sediment sind besonders kleine Landschnecken vorzüglich erhalten.

Im Südteil der noch bestehenden Ziegelei konnte eine „Verzahnung" von süßwasserkalkähnlichen Sedimenten (verfestigte, gelbe, leicht bröckelige Mergel) und einem Feinsand festgestellt werden, von dem wegen seiner Farbe (bläulich-violett) angenommen wird, daß es sich hier um Äquivalente der „Pupenschicht" handelt. Diese Sedimente sind als nur zentimeterdicke Lagen in gelbliche Schotter mit lehmig-mergeligem Bindemittel eingeschaltet, die auch PAPP (1951: 110, Abb. 2) antraf und die als Stratotyp der Zone D zu bezeichnen sind.

Einstufung: Äquivalente des Stratotyps der Zone D.

Landschneckenfauna: Siehe Leobersdorf — Heilsamer Brunnen.

Leobersdorf — Heilsamer Brunnen (Pannon D)
[Nach TROLL (1907: 38—39)]

Lage: Felder N des Heilsamen Brunnens S Leobersdorf (heute fast völlig abgesammelt).

Fundumstände: Blöcke aus hartem Süßwasserkalk, die eine reiche terrestrische Fauna enthalten, neben Brackwasser- und Süßwassermollusken. Dieser Süßwasserkalk ist zweifellos ein meist etwas stärker verhärtetes Äquivalent des Süßwasserkalkes aus der Ziegelei Polsterer. Es handelt sich wie bei den oberpontischen Süßwasserkalken vermutlich auch hier um fossile aulehmartige Bildungen.

Einstufung: Aufgrund des Vorherrschens von *Melanopsis constricta* und *Melanopsis vindobonensis* und des Vorkommens von *Melanopsis varicosa* und *nodifera* in das Pannon D. Äquivalente des benachbarten Stratotyps.

Landschneckenfauna: Leobersdorf — Ziegelei Polsterer und Heilsamer Brunnen.

Art	Ökologie der häufigen Arten	seltenen
Carychium pachychilus	Hh	
Cochlicopa subrimata loxostoma		—
Azeca tridentiformis austriaca		W
† *Vertigo ovatula trolli*		—
* *Vertigo angustior oecsensis*		H
Gastrocopta acuminata acuminata		—
* *Gastrocopta edlaueri*		—
Gastrocopta nouletiana	m?	
Abida schuebleri		Ox
*† *Abida costata*		
Leiostyla austriaca	—	
Acanthinula trochulus		W
* *Spermodea puisseguri*		—

	Art	Ökologie der häufigen Arten	seltenen Arten
	Strobilops tiarula	Of?	
*	*Strobilops pappi*		Of?
	Discus pleuradrus	W	
	Vitrea procrystallina steinheimensis		W(m)
*†	*Vitrea subrimatula*		W
	Semilimax intermedius	W	
	Aegopinella orbicularis		W
*	*Aegopis laticostatus*		W
	Oxychilus procellarius		m
*	*Zonitoides schaireri*		W
	Milax sp.	W(f)	
	Limax sp. (kleine Arten)	m	
	Arion sp.		W
	Triptychia leobersdorfensis	Wh	
	Pseudoleacina eburnea		WH
	Testacella sp.	—	
	Leucochroopsis kleini	W(h)	
†	*Helicigona atava*		X(f)?
†	*Klikia kaeufeli*	WOm	
*	*Klikia trolli*		WOm
†	*Klikia coarctata steinheimensis*	W(h)	
*	*Galactochilus leobersdorfensis*		m?
	Tropidomphalus zelli depressus	m	
	Cepaea etelkae	m	

Gegenüber den älteren Fundorten überwiegen hier die Waldarten mit einem starken Anteil an mesophilen Formen. Aber auch feuchtigkeitsliebende Formen sind stark vertreten, was den Schluß zuläßt, daß eine Tendenz zu einem feuchteren Klima vorliegt. Dennoch zeigt die Tatsache, daß Feuchtigkeit liebende Arten trotz allem in der Minderzahl sind, daß das allgemeine Klima noch immer als trocken zu bezeichnen ist. Darauf deutet auch das häufige Auftreten von *Strobilops tiarula*, aber auch das Vorkommen von *Abida schuebleri*, die vermutlich eine Steppenbewohnerin war. Die häufige *Klikia kaeufeli* bewohnte wahrscheinlich aufgelockerte Waldgebiete, wie auch einige andere Arten. Rasche Verdunstung und wahrscheinlich relativ hohe Temperaturen werden auch durch teilweise starke Sinterkrustenbildungen angezeigt.

Landschaftsbild: Gegenüber dem Pannon B/C eine Ausdehnung der Waldgebiete. Weite Teile jedoch noch Savanne oder Steppe. Auch die stark feuchtigkeitsbetonten Uferregionen der Flüsse dehnten sich aus und ermöglichten starken Triptychienpopulationen eine Existenz. In der nahen Umgebung der Flüsse sind Auwaldzonen zu denken, die gegen das Hinterland in Trockenwälder und Wald- bis Buschsteppen übergehen.

Stratigraphische Bemerkungen zu Leobersdorf — Ziegelei und Heilsamer Brunnen:

Etwa ein Drittel der Fauna tritt neu auf. Ein Viertel scheint in Zone D auszusterben. Leider sind diese beiden Fundorte die einzigen in der Zone D, so daß über die horizontale Verbreitung der Arten zu dieser Zeit nichts ausgesagt werden kann. In dieser Zone vollzieht sich die Entwicklung von *Klikia kaeufeli* zu *Klikia trolli*. Beide Arten sind in typischen Exemplaren vertreten, *trolli* jedoch noch viel seltener. *Zonitoides schaireri* tritt erstmalig auf, ebenso wie *Strobilops pappi*, der sich aus *Strobilops tiarula* entwickelt. Die großen Tropidomphali der Zone B/C werden durch den kleineren und flacheren *Tropidomphalus zelli depressus* abgelöst, dessen Erstauftreten jedoch schon früher vermutet werden muß. *Gastrocopta edlaueri* scheint auszusterben. Nur von diesen Fundorten ist die sehr seltene *Vitrea subrimatula* bekannt. Bemerkenswert ist auch das Erstauftreten der Untergattung *Pontaegopis*, die in Zone F ihr Maximum erreicht.

Leobersdorf — Autobahnabfahrt (Pannon ? D/E)

Lage: Ziegelei an der Autobahnabfahrt Leobersdorf.

Fundumstände: Im Hangenden von siltigen Tonen mit *Congeria subglobosa*, *Congeria spathulata* und *Melanopsis vindobonensis* liegen glimmerreiche, hellgelbe, stellenweise rostrot verfärbte Siltsande. Die rostroten Verfärbungen rühren von zahlreichen verkiesten Pflanzenresten her, die sekundäre Limonitisierungen aufweisen und zur Bildung von rötlichen Eisenhydroxiden führen. Bis auf *Cepaea etelkae* wurden keine Mollusken hier gefunden.

Einstufung: Der liegende Ton hat den Habitus einer Ablagerung in der Zone E. Eine Einstufung ins Pannon D ist jedoch aufgrund der Fauna nicht eindeutig auszuschließen. Da die Siltsande im Hangenden jedoch durch ihren Pflanzenreichtum eine regressive Phase anzeigen, ist auch eine Ablagerung des Siltsandes in Zone F nicht absolut auszuschließen.

Inzersdorf (Pannon E)

Lage: Großes Ziegeleigebiet am Südhang des Wienerberges. Genaue Lokalität meist nicht zu eruieren.

Fundumstände: Nicht genau zu ermitteln. Im Inneren einer *Klikia* fand sich ein grünlicher Siltsand. Sicher stammen die beiden hier gefundenen Landschnecken nicht aus den hier größtenteils aufgeschlossenen Tonen. Ganz an der Basis der heute noch zugänglichen Grube W der Triester Straße fand ich eine Linse aus blaugrau-grünlichem Siltsand mit *Brotia escheri* und abgerollten Limnocardien und Congerien. Aus ähnlichen Sedimenten stammen möglicherweise die Landschnecken. Die Siltsande markieren wahrscheinlich die Basis der großen Transgression im unteren Teil der Zone E. Sie sind stark süßwasserbeeinflußt, so daß das Auftreten von Landmollusken nicht verwunderlich erscheint.

Einstufung: Meines Wissens waren in den Ziegeleien von Inzersdorf nie Sedimente aufgeschlossen, die tieferen Zonen als der Zone E angehörten. Terrigen stark beeinflußte Schichten treten an der Basis der Tegel und Limnocardienbänke auf und sind wahrscheinlich in den tiefen Teil der Zone E zu stellen.

Hennersdorf (Pannon E)

Lage: Ziegelei E der Laxenburger Straße und S Straße Leopoldsdorf—Vösendorf.

Fundumstände: Zwischen einem Horizont mit einem Massenauftreten von *Congeria czjzeki* und einem Horizont mit massenhaften *Congeria partschi firmocarinata* und *Congeria szigmondyi* liegen kolkartige Linsen, die varvenartig mit Silt aufgefüllt sind und massenhaft zusammengeschwemmte Fossilien enthalten. Einige Arten lassen Süßwassereinfluß erkennen: *Psilunio atavus*, *Pisidium* sp., *Planorbarius* cf. *cornu mantelli*, *Gyraulus rhytidophorus*. Schildkrötenreste zeigen Landnähe an. Landschneckenreste sind jedoch sehr selten.

Einstufung: Aufgrund der Lumachellenhorizonte mit typischen Leitfossilien der Zone E.

Vösendorf (Pannon E)
[Nach PAPP (1951: 113—117) und PAPP u. THENIUS (1954)]

Lage: Ziegelei W Triester Straße, N der gesperrten Abzweigung nach Brunn. Der „Spülsaum", aus dem die Landschnecken stammen, befand sich an der SE-Seite der Tongrube über grünlichen Tonen, einem Sandhorizont, einer Sandzone, die als Sandriff zu deuten ist (TAUBER, 1941) und einem fossilarmen Grob- und Mittelsand. Genauere Angaben bei PAPP u. THENIUS (1954: 3—11, Taf. 1).

Fundumstände: Alle Landschnecken stammen aus dem Spülsaum. Die von TROLL geschlämmte und von PAPP u. THENIUS (1954: 22—25, Taf. 4) beschriebene Faunula ist nur noch zum Teil erhalten. Äquivalente des Spülsaumes sind zwar gelegentlich noch im Westteil der Grube aufgeschlossen, jedoch konnte ich dort keinerlei Landschnecken entdecken. Bei dem Spülsaum handelt es sich um feinsandige Sedimente mit häufigen Bivalven, die mit der gewölbten Seite nach unten liegen und nur selten Abrollungen zeigen. Der Süßwassereinfluß scheint gering gewesen zu sein, da Süßwasserarten selten sind.

Einstufung: Aufgrund der typischen Fauna mit häufiger *Congeria subglobosa* und dem Überwiegen von *Melanopsis vindobonensis* unter den eher seltenen Melanopsinen muß der Spülsaum in die Zone E gestellt werden.

Landschneckenfauna der Fundorte Inzersdorf, Hennersdorf und Vösendorf: Der überwiegende Teil der Fauna stammt aus Vösendorf.

Art	Ökologie der häufigen Arten	Ökologie der seltenen Arten
Pomatias conica (auch aus Inzersdorf)		W(m)
Carychium pachychilus	Hh	
† *Cochlicopa subrimata loxostoma*		—
Vertigo angustior oecsensis		H
Gastrocopta acuminata acuminata		—
Gastrocopta nouletiana		m?
Gastrocopta fissidens infrapontica		—
* *Argna suemeghyi*		W
† *Strobilops tiarula*		Of?
Strobilops pappi		Of?
Discus pleuradrus		W
Semilimax intermedius		W
Vitrea procrystallina steinheimensis (Inzersdorf)		W(m)
Aegopinella orbicularis		W
		h?
*† *Clausilia voesendorfensis*		WH
Pseudoleacina eburnea		
Leucochroopsis kleini (auch aus Hennersdorf)		W(h)
Klikia trolli (Inzersdorf)		WOm
Cepaea etelkae (auch aus Hennersdorf)		m

Die Faunenzusammensetzung zeigt in ökologischer Hinsicht ein ähnliches Bild wie die Zone D. Meso- und hygrophile Waldarten überwiegen. Die Tendenz zur Zunahme feuchtigkeitsliebender Arten scheint aber zuzunehmen. Die meist euryöken Heliciden werden offensichtlich eher gegen das Landesinnere abgedrängt, was ebenfalls auf eine Zunahme der Feuchtigkeit schließen läßt.

Landschaftsbild: Ähnlich wie in Zone D. Die feucht beeinflußten Biotope dehnen sich jedoch weiter aus auf Kosten der Trockenstandorte.

Föllig bei Groß Höflein (Pannon E)
[Siehe auch LUEGER (1977)]

Lage: Großer, im Zuge von Straßenbauarbeiten jüngst entstandener Aufschluß bei Groß Höflein, 500 m SSW Kote 286 (Lusthaus am Fölligberg) (Karte von Österreich 1:50.000 Blatt 77 Eisenstadt). Heute zum Großteil abgebaut.

Fundumstände: Besonders im Norden des Aufschlusses waren feine bis mittlere, gelbliche Sande mit geringer Schrägrichtung und mittelguter Sortierung aufgeschlossen, die eine Süßwasserfauna enthielten (in erster Linie *Psilunio atavus*). Die Sande enthalten selten Landschnecken.

Einstufung: Anhand der typischen Fauna brackischer Äquivalente der Unioschichten in den unteren Teil der Zone E.

Stratigraphische Bemerkungen zu den Fundorten der Zone E: Die Faunen sind noch typisch pannonisch. Bis auf die bisher nur von Vösendorf bekannten, und *Pomatias conica*, kommen alle Arten auch in Leobersdorf vor. Es besteht daher gegenüber den älteren Pannonfaunen kaum eine biostratigraphische Eigenständigkeit. *Cochlicopa subrimata loxostoma* und *Strobilops tiarula* scheinen zu erlöschen. *Klikia kaeufeli* scheint nun ganz von der höher gewölbten *Klikia trolli* abgelöst worden zu sein.

Götzendorf (Pont F)
[Siehe auch PAPP (1951: 168—169)]

Lage: Sandgrube Sassmann, 400 m W Kote 180 (Bahnübergang), 1450 m S Kote 174 (Kapelle im N von Götzendorf) (Karte von Österreich 1:50.000, Blatt 60 Bruck an der Leitha).

Fundumstände: Es handelt sich bei den Fundschichten um einen lokalen Sandkomplex, der in siltigen, Tonmergel eingelagert ist. Zwischengelagert in dem grüngrauen, verunreinigten Fein- bis Mittelsand liegen dünne Kohlenschmitzen, Süßwasserkalkmergel und tonige Linsen. Abgesehen von der reichen Landschneckenfauna enthalten die Schichten Süßwassermollusken sowie *Congeria neumayri* und *Congeria zahalkai*, die als Brackwasserrelikte zu deuten sind. Die Sande sind schwach kreuzgeschichtet.

Einstufung: Die Fauna spiegelt den Beginn der völligen Aussüßung im Pont wider. Der große Reichtum an spezialisierten Congerien fehlt, auch Großmelanopsinen wurden nicht gefunden. Der Fundort ist daher in das untere Pont zu stellen (Zone F), was besonders durch das Massenvorkommen persistierender primitiver Congerien bestätigt wird.

Landschneckenfauna:

Art	Ökologie der häufigen Arten	Ökologie der seltenen Arten
Gastrocopta obstructa ferdinandi		—
Aegopinella orbicularis		W
Aegopis laticostatus	W	
Limax sp. (große Art)		W(m)
*† *Triptychia lageti schultzi*		WHh
Leucochroopsis kleini	W(h)	
* *Helicigona wenzi*	W(f)	
† *Klikia coarctata planispira*	Wh	
* *Klikia magna*		HW?
† *Tropidomphalus zelli depressus*	m	
Cepaea etelkae		m
*† *Cepaea bulla*	H	

In der Fauna überwiegen die feuchtigkeitsliebenden Waldarten stark. Typisch sind auch morphologische Anpassungen an besonders feuchte Standorte wie bei *Cepaea bulla*. Die charakteristischen Triptychien der Untergattung *Milneedwardsia* sind deutliche Indikatoren für ein feuchtwarmes Klima, wobei die außergewöhnliche Größe dieser Tiere auf hohe Temperaturen ohne große Schwankungen schließen läßt. Xerophile Faunenelemente oder Steppenbewohner fehlen gänzlich, obwohl das Einzugsgebiet des ablagernden Gewässers zweifellos groß war, wie die starke Vertretung hinterlandsbewohnender Arten zeigt (*Tropidomphalus zelli depressus*). Bemerkenswert ist das wahrscheinlich sekundäre Fehlen fast aller Pupillaceen, das jedoch durch selektive Zerstörung erklärt werden kann. Es sind nämlich auch kleine limnische Fossilien selten, oder sie zeigen starke Zerstörungen. Wahrscheinlich waren aber die Pupillaceen schon primär nur relativ schwach vertreten, weil unter ihnen Bewohner feuchter oder nasser Biotope in der Minderheit sind. Ein Hinweis für selektive Zerstörung der kleinwüchsigen Formen ist das Fehlen von Carychien, deren Vorkommen unter diesen ökologischen Umständen unbedingt erwartet werden müßte.

Landschaftsbild: Das relativ häufige Auftreten von großen Schildkröten und die Bildung von Kohlenschmitzen lassen neben einer fluviatil beeinflußten lakustrischen Fauna das Landschaftsbild ausgedehnter Sumpf- und Auwälder entstehen, die erst allmählich in größerer Entfernung von den Gewässern in trockenere Waldabschnitte übergehen. Vermutlich gab es in diesen Wäldern auch felsige oder steinige Abschnitte, was durch das Auftreten von *Helicigona* angedeutet wird. In welchem Ausmaß bzw. ob überhaupt noch Steppen vorlagen, ist nicht zu eruieren. Zweifellos fällt Götzendorf in die Zeit einer maximal feuchtwarmen Klimaentwicklung.

Biostratigraphische Bemerkungen: Die Fauna zeigt sowohl gegenüber der Fauna vom Eichkogel als auch den älteren, pannonischen Faunen eine deutliche Eigenständigkeit. Einige als Relikte aus dem Pannon zu betrachtende Arten sterben aus: *Tropidomphalus zelli depressus, Klikia coarctata planispira*. Letztere bringt die Untergattung *Steklovia* hervor, deren erster Vertreter *Klikia (Steklovia) magna* teilweise noch Übergänge zu *Klikia coarctata planispira* zeigt. Eine große *Triptychia* mit noch etwas undeutlichen Merkmalen der Untergattung *Milneedwardsia* ist für die Zone charakteristisch. Diese Form ist mit dem atlantischen Klima aus Westeuropa in unser Gebiet eingedrungen (siehe S. 30). Ebenso typisch ist *Aegopis laticostatus*, der jedoch schon sporadisch in Zone D auftritt und in höheren Straten ebenfalls selten ist. Die Gattung *Helicigona* ist im Pont des Wiener Beckens nur aus Götzendorf nachgewiesen. *Cepaea bulla* ist wahrscheinlich eine Art mit nur beschränkter lokaler und stratigraphischer Verbreitung.

Sollenau (Pont F/G)
[Siehe auch PAPP (1951: 167—168)]

Lage und Fundumstände: Die Fauna stammt von der nicht mehr vorhandenen Halde eines Braunkohlenbergbaues. Die Aufsammlungen stammen von TROLL.

Einstufung: Nach PAPP (1951: 175) wird der Fundort in die Zone F/G gestellt.

Landschneckenfauna: *Limax* sp. (kleine Arten), *Triptychia leobersdorfensis, Galctochilus leobersdorfensis, Tropidomphalus zelli depressus* (?).

Die Angabe von *Triptychia leobersdorfensis* begründet sich lediglich auf ein Zitat von TROLL (1907: 78, Taf. 2, Fig. 12). Da das Abbildungsexemplar nicht mehr existiert, kann nicht mehr festgestellt werden, ob es sich hier nicht vielleicht um eine andere Art handelt. Bemerkenswert ist auch das Auftreten des im Wiener Becken sonst nur aus dem Pannon D von Leobersdorf bekannten *Galactochilus leobersdorfensis*.

Stammersdorf — Rendezvousberg (Pont F/G)

Lage: Sandgruben am Rendezvousberg E Brünner Straße im N von Wien.

Fundumstände: Lagenweise unterschiedlich lehmig verunreinigte, gelbe Fein- bis Mittelsande, stark kreuzgeschichtet, mit dünnen, schlecht klassierten Schotterlagen, die stark verdrückte Landschnecken enthalten. Fossilien sind — vermutlich aus diagenetischen Gründen — sehr selten. Außer Landschnecken fand ich keine Fossilien.

Einstufung: Die Sedimente scheinen gerade in jenem Zeitabschnitt des Ponts abgelagert worden zu sein, der den meisten Brackwassermollusken aufgrund des Aussüßungsgrades ein Überleben nicht ermöglichte, während Süßwasserarten wegen der Restsalinität noch nicht eindringen konnten. Derartige Verhältnisse sind im Pont F oder in der unteren Zone G zu erwarten. Während in Götzendorf *Tropidomphalus zelli depressus* noch in typischen Exemplaren vorkommt, finden sich in Stammersdorf Formen mit einer Tendenz zum Verschluß des Nabels, die zur Untergattung *Mesodontopsis* überleiten, die nur im höheren Pont auftritt. Somit ist Stammersdorf höher als Götzendorf und tiefer als jene Fundorte einzustufen, die typische Exemplare von *Mesodontopsis* enthalten. Es kommt daher eine Stellung im oberen Teil der Zone F und im unteren Teil der Zone G in Frage.

Landschneckenfauna: *Cepaea etelkae* und *Tropidomphalus zelli depressus* [Übergangsform zu *Tropidomphalus (Mesodontopsis) doderleini*].

Gänserndorf (Pont G)

Lage: Tongrube 250 m SSW Kote 154 (Brücke über den Sulzgraben), NNW Gänserndorf (Karte von Österreich 1:50.000 Blatt 42 Gänserndorf).

Fundumstände: Aufgelassene, großteils verschüttete Tongrube. Restliches Anstehendes tiefgründig verwittert. Fossilien selten und immer stark beschädigt. Am häufigsten sind Reste von *Mesodontopsis*. Der Ton ist ziemlich kalkarm und dürfte in größerer Landferne abgelagert worden sein.

Einstufung: Aufgrund der geologischen Position und des Auftretens von *Mesodontopsis* muß die Fundstelle ins Pont G oder H gestellt werden. Der Sedimentcharakter läßt eine Stellung innerhalb der „Blauen Serie" (entspr. Pont G) am wahrscheinlichsten werden.

Leopoldsdorf (Pont G/H)
[Nach PAPP (1951: 118)]

Lage und Fundumstände: Ziegeleien von Leopoldsdorf S Wien E Ödenburger Bundesstraße. Welche Ziegelei gemeint ist, ist unklar. PAPP schreibt: „Am Ostrand der Ziegelei wurden im oberen Teil Viviparen aufgesammelt. Diese Sedimente liegen jedoch schon jenseits des Leopoldsdorfer Verwurfes und gehören zu den ‚Oberen Congerienschichten' im Sinne der ungarischen Pannongliederung." Die beiden einzigen hier gefundenen Landschnecken — zwei ungewöhnlich große Stücke von *Mesodontopsis doderleini* — befinden sich unter der Acquisitionsnummer 1910/32 im Naturhistorischen Museum Wien (Geol.-Paläontol. Abt.) mit der Fundortsangabe „Leopoldsdorf, Congeriensand". Sie stammen höchstwahrscheinlich aus den von PAPP angesprochenen Pontschichten.

Einstufung: Aufgrund der geologischen Stellung, des Vorkommens von Viviparen und des Auftretens von *Mesodontopsis* in die Zone G oder H.

Mannersdorf bei Angern (Pont G/H)

Im Naturhistorischen Museum in Wien (Geol.-Paläontol. Abt.) befindet sich eine kleine Sammlung pontischer Heliciden mit obiger Fundortsangabe. Die genaue
Lage der Fundstelle ist nicht angegeben.

Fundumstände: Das Sediment ist grauer, kalkreicher Tegel.

Einstufung: Aufgrund des Vorkommens von *Mesodontopsis* ins Pont G oder H.

Schwechat (Pont G/H)

SCHLICKUM u. STRAUCH (1973: 166) geben als Fundort von *Mesodontopsis doderleini* Schwechat an. Die genaue

Lage des Fundortes ist unbekannt. Anläßlich des Baues der Preßburger Bundesstraße wurde im Bereich der „Fuchsgruft" etwa 100 m S Kote 176 gelber Feinmittelsand mit Landschnecken angetroffen. (Siehe Karte von Österreich 1:50.000 Blatt 59 Wien.)

Einstufung: Die Fundstelle führt *Mesodontopsis doderleini*. Die Untergattung *Mesodontopsis* hat ihr Erstauftreten frühestens in G, während in Stammersdorf (Pont F/G) noch Übergänge zwischen den Untergattungen *Pseudochloritis* und *Mesodontopsis* vorliegen. Eine Stellung in der Zone H ist nicht auszuschließen.

Fischamend (Pont G/H)

Lage: Schottergrube 1200 m WSW Kirche (Besitzer: Ing. Rudolf Rotter).

Fundumstände: 7—11 m unter der Geländeoberkante ist pontischer Feinsand mit vereinzelten Feinkieskörnern und -lagen von ockergelber, roststreifiger Farbe aufgeschlossen. Schwache Kreuzschichtung. Fossilien *(Tropidomphalus doderleini)* sind selten.

Einstufung: Aufgrund der geologischen Position und des Auftretens von *Mesodontopsis* ins Pont G oder H.

Markgrafneusiedl (Pont G/H)

Lage: Schotter- und Sandgrube 150 m WNW Ruine direkt im N der Ortschaft.

Fundumstände: Im Liegenden der Schotter befinden sich meist resche, lagenweise bioturbate (Bohrspuren, durch limonitische Verfärbung erkennbar), hellgraue Sande; lagenweise schräggeschichtet. Selten findet sich *Margaritifera flabellata* und *Mesodontopsis*. Die Schalen dieser Schnecke sind nicht mit Sand, sondern einem grauen, mergeligen Sediment angefüllt, das möglicherweise einen Süßwassermergel darstellt (fossiler Aulehm?).

Einstufung: Aufgrund der Position und des Vorkommens von *Mesodontopsis* ins Pont G oder H.

Gols (Pont G/H)

Lage: Sandgrube 1300 m NW Kirche, 1150 SE Kote 157 (Goldberg) (Karte von Österreich 1:50.000 Blatt 79 Neusiedl am See). Der Fundort liegt zwar nicht mehr im Wiener Becken, stellt aber eine interessante Verbindung zur Fazies der „*Unio-Wetzleri*-Schichten" Ungarns dar und soll somit hier aus Vergleichszwecken behandelt werden.

Fundumstände: Das Sediment besteht aus feinem bis mittlerem Quarzsand mit gelegentlichen Toneinschaltungen und kiesigen bis schottrigen Lagen. Die Sedimente sind leicht kreuzgeschichtet. Die Schotterkomponenten zeigen häufig einen plattigen Zuschliff, der auf fluviatile Ablagerung schließen läßt. Landschnecken sind die häufigsten Fossilien. Daneben findet sich *Margaritifera flabellata*, *Unio* sp., *Pisidium* sp., *Limnocardium edlaueri* (bemerkenswert im oberen Pont!), *Melanopsis fuchsi*, *Melanopsis affinis*, *Viviparus* sp. (? *kurdensis* LÖRENTHEY) sowie Lymnaeiden und Planorbiden.

Einstufung: Die Landschneckenfauna zeigt starke Anklänge an die vom Eichkogel. Auch das Vorkommen von *Viviparus* und *Unio* (nicht *Psilunio*) macht eine stratigraphische Stellung in der Zone G oder H sehr wahrscheinlich. Das seltene Auftreten von *Limnocardium edlaueri* hat keine stratigraphische Bedeutung. Es zeigt nur, daß der Einfluß aus dem Mittleren Donaubecken sich durch sporadische Erhöhung des Salzgehaltes bemerkbar macht.

Landschneckenfauna:

Art	Ökologie der häufigen Arten	seltenen
† Strobilops pappi	Of?	
† Discus pleuradrus	W	
† Pseudoleacina eburnea		WH
*† Klikia goniostoma		Wh
*† Tropidomphalus richarzi		Wm(h)
*† Tropidomphalus doderleini	Hh	
† Cepaea etelkae	m	

Die Fauna zeigt ein Überwiegen mesophiler und Waldarten. Aber auch Bewohner nasser Böden und Bewohner offener Landschaften sind häufig. Die meisten Waldarten stellen gewisse Ansprüche an die Feuchtigkeit. Insgesamt bietet die Fauna jedoch das Bild einer Trockenfauna, denn bis auf *Tropidomphalus doderleini* kommen keine ausgesprochenen Feuchtigkeitsbewohner vor. Wahrscheinlich waren die stark feuchtigkeitsbetonten Areale gegenüber der Zone F wieder stark zusammengedrängt worden.

Landschaftsbild: siehe Velm.

Ebergassing (Pont G/H)

Lage: 200 m SE Kote 193 (Wegkreuz) (Karte von Österreich 1:50.000 Blatt 59 Wien). Aufgelassene Sandgrube, nunmehr Bauschutt- und Mülldeponie.

Fundumstände: Ockergelber bis grauer Feinsand mit Feinkieseinsprenglingen und Grobsandlagen. Leichte Kreuzschichtung. Am häufigsten sind Landschnecken, es kommen aber auch *Margaritifera flabellata* und Basommatophoren vor (*Planorbarius* cf. *cornu mantelli*). Linsen mit Süßwasserkalk.

Einstufung: Aufgrund des Fehlens aller Pannonrelikte (Congerien), dem Auftreten von Süßwasserkalken und dem Vorkommen von *Mesondontopsis* wird die Fundstelle ins Pont G oder H eingestuft.

Landschneckenfauna: ? *Aegopinella orbicularis, Klikia goniostoma, Tropidomphalus (Mesodontopsis) doderleini.*

Velm (Pont G/H)

Lage: Sandgrube 1650 m ENE Kote 179 (Kirche von Velm), Ortsbezeichnung „Käfertal" (Karte von Österreich 1:50.000 Blatt 59 Wien).

Fundumstände: Die Fossilien entstammen einem in fluviatilen kreuzgeschichteten Sanden umgelagerten fossilen Aulehm (Süßwassermergel und -kalke), der limonitisierte Pflanzenreste und Wurzelverkrustungen enthält. Außer Landschnecken und deren Eier wurden Süßwassermollusken der Gattungen *Margaritifera, Bulimus, Planorbarius, Gyraulus* und *Stagnicola* gefunden.

Einstufung: Siehe Ebergassing. Vielleicht ist der Fundort aber auch mit den ungarischen *Unio-Wetzleri*-Schichten (oberstes Pont) zu parallelisieren, wofür der fast immer vollständige Nabelverschluß von *Tropidomphalus doderleini* sprechen könnte.

Landschneckenfauna:

Art	Ökologie der häufigen Arten	seltenen
† *Carychium pachychilus*	Hh	
† *Azeca tridentiformis austriaca*	W	
† *Vertigo angustior oecsensis*		H
† *Truncatellina strobeli suprapontica*	Oxf	
† *Gastrocopta acuminata acuminata*	—	
† *Gastrocopta nouletiana*	m?	
† *Gastrocopta obstructa ferdinandi*		—
*† *Gastrocopta meijeri*	—	
*† *Argna suemeghyi*	W	
† *Strobilops pappi*		Of?
† *Punctum pygmaeum propygmaeum*	m	
† *Discus pleuradrus*	W	
*† *Perpolita disciformis*	m(h)	
* *Zonitoides schaireri*		W
† *Nordsieckia fischeri pontica*		—
*† *Triptychia* (nov. subgen.) n. sp.		—
† *Pseudoleacina eburnea*		WH
† *Leucochroopsis kleini*		W(h)
*† *Klikia goniostoma*		Wh
*† *Tropidomphalus doderleini*	Hh	
† *Cepaea etelkae*		m

Die Faunenzusammensetzung bietet ein ganz anderes Bild als in Götzendorf. Es überwiegen wieder mesophile und Waldarten, jedoch sind auch Arten mit hohen Feuchtigkeitsansprüchen häufig. Trotzdem wird auch oft *Truncatellina strobeli suprapontica* gefunden, die als Bewohner steppenartiger Biotope anzusehen ist. Alle Landschnecken entstammen umgelagerten Süßwassermergelbrocken, die aufgrund ihrer Sedimentologie wahrscheinlich als fossiler Aulehm anzusehen sind. Man darf daher vermuten, daß zumindest ein Teil der feuchtigkeitsliebenden Arten parautochthon angetroffen wird. Erwiesen ist dies von *Tropidomphalus (Mesodontopsis) doderleini*. Das starke Überwiegen der nasse Böden bewohnenden *Mesodontopsis* besonders gegenüber Arten, die einen trockenen Lebensraum bewohnen, läßt vermuten, daß der Einzugesbreich des ablagernden Gewässers nicht sehr ausgedehnt war. Trotzdem ist der Anteil mesophiler, waldbewohnender und sogar steppenbewohnender Arten recht hoch, so daß hier auf eine Einengung der feuchtigkeitsbeeinflußten Gebiete aufgrund eines ziemlich trockenen Klimas geschlossen werden kann.

Landschaftsbild: Relativ schmale versumpfte Auwaldzonen um die Gewässer mit reichem Krautwachstum; Aulehmablagerung. Die Auwälder gehen vermutlich rasch in aufgelockerte Trockenwälder, Savanne und vielleicht Steppe über. Sehr große Landschnekken zeigen ziemlich hohe Temperaturen an. Möglicherweise war das Gelände feiner gegliedert als im Pont F, da der Einzugsbereich der Flüsse geringer erscheint.

Angern (Pont H)
[Siehe auch PAPP (1951: 174)]

Lage: 2100 m SW Kirche, 500 m S Kote 152 (Kapelle an der Bahn) (Karte von Österreich 1:50.000 Blatt 42 Gänserndorf).

Fundumstände: Das Sediment besteht aus feinem bis mittlerem Quarzsand mit Kieslagen. Deutliche Kreuzschichtung. Rostrote Eisenoxidausfällungen, oft auch limonitisierte Erzknollen häufig um organische Kerne (Schnecken), teilweise mit Pyritkern. Landschnecken sind am häufigsten. Außer diesen kommen seltene Basommatophoren, *Margaritifera flabellata*, *Congeria balatonica* (aberrante Formen) und *Limnocardium brunnense* (Kümmerformen) hinzu.

Einstufung: PAPP zitiert den Fund von *Mastodon grandincisivum* SCHLESINGER, einer Art, die in Ungarn bisher nur aus dem Pont bekannt ist. Er gibt die Zugehörigkeit der Fundstelle zur bunten Serie (entspr. Pont H) an, die sich durch Strukturbohrungen der RAG ergeben hat. Auffallend ist das Auftreten von *Limnocardium brunnense*, das anscheinend auf Brackwassereinfluß aus dem Mittleren Donaubecken hinweist.

Landschneckenfauna: *Klikia trolli*, *Klikia goniostoma*, *Klikia magna*, *Tropidomphalus doderleini* (überwiegend), *Cepaea etelkae*.

Richardshof bei Gumpoldskirchen (Pont H)

Lage: 400 m WNW Kote 370 (Richardshof) (Karte von Österreich 1:50.000 Blatt 58 Baden). Verstreute Blöcke am Waldrand und auf dem Feld. Fast völlig abgesammelt.

Fundumstände: Süßwasserkalk (siehe Eichkogel).

Einstufung: Aufgrund der höchstwahrscheinlich gleichen geologischen Position, der gleichen Sedimentbeschaffenheit und der sehr ähnlichen Fauna wird die Fundstelle stratigraphisch dem Eichkogel gleichgestellt (siehe dort).

Landschneckenfauna:

Art	Ökologie der häufigen Arten	seltenen
† *Pomatias conica*	W(m)	
*† *Acme edlaueri*		W
† *Carychium pachychilus*	Hh	
† *Leiostyla austriaca*		—
† *Argna suemeghyi*		W
† *Strobilops pappi*		Of?
† *Helicodiscus roemeri*		—
† *Vitrea procrystallina steinheimensis*		W(m)
*† *Perpolita disciformis*		m(h)
† *Aegopinella orbicularis*		W
† *Aegopis laticostatus*		W
† *Nordsieckia fischeri pontica*		—
† *Klikia trolli*		WOm

Die Fauna entstammt einem Süßwasserkalk, der wahrscheinlich einen fossilen Aulehm darstellt. Ein Teil der feuchtigkeitsliebenden Arten ist daher wahrscheinlich parautochthon. Es überwiegen Waldformen mit einem gewissen Hang zu feuchten Biotopen. Aber auch Bewohner eher trockener Waldabschnitte fehlen nicht. *Carychium pachychilus* ist der einzige Vertreter stark feuchtigkeitsliebender Arten.

Landschaftsbild: Deutliche Einengung feuchter Zonen auf ufernahe Bereiche. Feuchte und trockene Waldabschnitte stark vertreten. Ausmaß der Steppe nicht deutlich ersichtlich.

Eichkogel bei Mödling (Pont H)
[Siehe auch WENZ u. EDLAUER (1942) und PAPP (1951: 166)]

Lage: Gipfel und Felder wenig unterhalb des Gipfels des Eichkogels bei Mödling.

Fundumstände: Über nahezu fossilleeren Sanden liegen beige Süßwassermergel und -kalke, die höchstwahrscheinlich einen fossilen Aulehm darstellen. Die Sedimente enthalten Land- und Süßwasserschnecken und sehr selten Süßwasserbivalven. Selten werden die Mergel durch fossilleere Siltlagen durchzogen. Elemente des Halbbracks fehlen völlig. Die Mergel enthalten diverse Pflanzenreste und sind porös (Wurzelhohlräume).

Einstufung: Stratotypus des Pont H.

Landschneckenfauna:

Art	Ökologie der häufigen Arten	seltenen Arten
*† Acme edlaueri		W
† Carychium pachychilus	Hh	
† Negulus suturalis gracilis		—
† Vertigo callosa	Hh?	
† Vertigo protracta suevica		—
† Vertigo angustior oecsensis		H
† Truncatellina strobeli suprapontica		Oxf
† Gastrocopta acuminata acuminata		—
† Gastrocopta acuminata larteti		—
† Gastrocopta nouletiana	m?	
† Gastrocopta obstructa ferdinandi		—
† Gastrocopta serotina		m?
† Abida schuebleri		Ox
† Pupilla rathi		O(x)?
† Argna suemeghyi	W	
* Vallonia costata		O(W)
† Vallonia subpulchella		O
† Acanthinula trochulus		W
† Strobilops pappi		Of?
Ena sp.		W
Succinea sp.		Hh
† Punctum pygmaeum propygmaeum	m	
† Discus pleuradrus		W
† Helicodiscus roemeri	x?	
*† Perpolita disciformis	m(h)	
† Aegopinella orbicularis		W
† Oxychilus procellarius		m
Milax sp.	W(f)	
Limax sp. (kleine Arten)	m	
† Cecilioides aciculella		Ox
* Fortuna clairi		x?
† Nordsieckia fischeri pontica		—
* Clausilia strauchiana		W(f)
† Leucochroopsis kleini	W(h)	
† Klikia trolli		WOm

Art	Ökologie der häufigen Arten	seltenen
*† *Klikia goniostoma*	Wh	
† *Klikia magna*		HW
*† *Tropidomphalus richarzi*		Wm(h)?
*† *Tropidomphalus doderleini*		Hh
† *Cepaea etelkae*	m	

Wie in Velm, Ebergassing und am Richardshof liegen auch hier Süßwasserkalke und -mergel vor, die wahrscheinlich fossile Aulehme darstellen. Der Anteil mesophiler und Waldarten ist im Faunenspektrum am größten, jedoch sind auch stark feuchtigkeitsliebende Arten häufig. Die Waldarten stellen teils gewisse Feuchtigkeitsansprüche, teils finden wir aber auch mußtmaßliche Bewohner einer Waldsteppe und felsiger Waldabschnitte. Bemerkenswert ist das Auftreten von Vallonien, die offene, wenn auch nicht unbedingt trockene Wiesenlandschaften bevorzugen. Aber auch ausgesprochene Steppenarten sind nicht selten. Überhaupt zeigt die Fauna eine starke Tendenz zu solchen Arten, die entweder Trockenheit bevorzugen oder euryök sind. Die Einengung der stark feuchtigkeitsbeeinflußten Gebiete macht sich durch das fast völlige Zurücktreten großwüchsiger Bewohner nasser Böden *(Mesodontopsis)* bemerkbar. Ein Hinweis für eine starke Tendenz zu einem trockenen Klima ist die Dickschaligkeit der Cepaeen.

Landschaftsbild: Zunahme der Versteppung. Auwaldzonen auf ufernahe Bereiche beschränkt. Die Waldzonen scheinen sich ebenfalls zurückzuziehen, was durch einen verstärkten Anteil steppenbewohnender Arten zum Ausdruck kommt. Vallonien zeigen eine gewisse Auflockerung der Waldflächen durch mehr oder weniger große Lichtungen und freie Wiesenflächen an.

Biostratigraphische Bemerkungen zu den Fundorten der Zonen G und H: Fast alle in diesen Zonen gefundenen Arten werden in höheren Straten nicht mehr gefunden, obwohl sie vielleicht zum Teil ins Pliozän hineinreichen. Ausnahmen sind *Spermodea puisseguri, Clausilia strauchiana*, der Durchläufer *Gastrocopta serotina, Nordsieckia fischeri pontica*, deren typische Unterart im Pliozän vorkommt, sowie *Fortuna clairi*, die ebenfalls aus den pliozänen Deckschichten der niederrheinischen Braunkohle nachgewiesen wurde. *Vallonia costata* kommt noch rezent vor, und einige Arten haben rezente Nachfahren. Insofern zeigen die Faunen einen „moderneren" Habitus als gegenüber den älteren Faunen, deren Anteil an ins Pliozän reichenden Arten größer ist. *Strobilops pappi*, der im Pannon noch zusammen mit *Strobliops tiarula* auftritt, kommt nur allein vor. Bisher nur in diesem Abschnitt wurden *Perpolita disciformis, Klikia goniostoma, Tropidomphalus richarzi* und *Tropidomphalus doderleini* gefunden, die wegen ihrer allgemeinen Verbreitung und Häufigkeit möglicherweise recht gute Leitfossilien darstellen. Einige Faunenelemente lassen noch deutliche Anklänge an die pannonische Landschneckenfauna erkennen, wie zum Beispiel die Pupillaceen, die sich recht konservativ verhalten, und *Leiostyla austriaca, Discus pleuradrus, Aegopis laticostatus* u. a. Der für die Gattung sehr kleine *Tropidomphalus richarzi* ist — obwohl vermutlich auf das obere Pont beschränkt — wegen seiner großen Seltenheit als Leitfossil wenig geeignet.

Fundorte, die aufgrund ihrer Gewässerfauna eindeutig in die Zone G zu stellen sind, haben keine Landschnecken geliefert. Somit bleibt bei allen Fundorten, die eindeutig höher als Pont F liegen, die Unterscheidung der Zone G vom Pont H biostratigraphisch unbeantwortet.

STRATIGRAPHIE

Aufgrund des meist seltenen und nur an relativ wenigen Fundorten nachgewiesenen Vorkommens von fossilen Landschnecken ist es schwierig, Aussagen über die Lebensdauer einer Art zu machen. Dafür sind am besten Arten geeignet, die folgende Anforderungen erfüllen:

— häufiges Auftreten,
— allgemeine Verbreitung,
— leichte Bestimmbarkeit,
— Ableitbarkeit von charakteristischen Vorläufern.

Selbst bei solchen Formen ist jedoch Vorsicht angebracht, da ein beachtlicher Teil der Landschnecken aufgrund seiner engen Bindung an gewisse palökologische Verhältnisse eine bestimmte Lebensdauer vortäuschen kann und dadurch vorerst keine Biostratigraphie, sondern eine Ökostratigraphie gewonnen wird.

Rasche und charakteristische Faunenentwicklungen wie in den Gewässern können unter den Landschnecken des Wiener Beckens nicht festgestellt werden; vielmehr liegt eine langsame, kontinuierliche Entwicklung vor, die sich durch allmähliche Klimaänderungen erklären läßt.

Am besten eignen sich für biostratigraphische Untersuchungen die Heliciden, und zwar in erster Linie deshalb, weil sie auch in gröberklastischen Sedimenten bestimmbar vorliegen, was für die meisten kleinwüchsigen Gruppen nicht zutrifft. Auch die Clausiliiden bringen einige stratigraphisch wertvolle Arten hervor, die sich besonders für die überregionale Korrelation eignen. Im allgemeinen sind jedoch die Landschnecken für feinstratigraphische Untersuchungen wenig geeignet — eine Feststellung, die sich schon bei der Untersuchung der pleistozänen Landschnecken bemerkbar machte.

Dennoch kommt den Landschnecken besonders bei der Untersuchung limnisch-fluviatiler Ablagerungen eine gewisse stratigraphische Bedeutung zu, da limnische Mollusken sich vielfach als noch ungeeigneter erweisen, was besonders auf die über lange Zeiträume stabilen Verhältnisse in den Flüssen zurückzuführen ist. Erschwerend bei der Untersuchung der stratigraphischen Verwertbarkeit von Landschnecken wirkt sich der Umstand aus, daß diese praktisch immer allochthon in Form von Zusammenschwemmungen vorliegen. Es darf jedoch als gut abgesicherte Hypothese gelten, daß eine heterochrone Umlagerung von Landschnecken fast immer zu deren völliger Zerstörung führt, was auf die Dünnschaligkeit der meisten Formen zurückzuführen ist. Somit wird immer dann, wenn eine Art zu einem hohen Prozentsatz nur leicht, in situ beschädigt oder gar unbeschädigt vorliegt, für diese eine synchrone Allochthonie oder Autochthonie angenommen.

Biostratigraphische Gliederung des Pannons und Ponts im Wiener Becken

Der hier angestellte Versuch hat prinzipiell nur für das Wiener Becken und die nächstangrenzenden Gebiete Gültigkeit. Andere pannonische und pontische Faunen sind hinsichtlich dieser Frage noch zuwenig untersucht. Die moderne Gliederung nach PAPP (1951) wurde in den bisherigen Bearbeitungen der Landschneckenfaunen noch zuwenig berücksichtigt.

Gesamtdarstellung der biostratigraphischen Reichweiten
(soweit bisher festgestellt)

Art	älter	B/C	D	E	F	G/H	jünger
Pomatias conica			═	═		═	
Acme edlaueri						═	
Acme subpolita		═					
Renea leobersdorfensis		═					
Carychium pachychilus		═	═	═	═	═	?
Cochlicopa subrimata loxostoma		═	═	═	═	═	
Azeca tridentiformis austriaca		═	═	═	═	═	
Negulus suturalis gracilis		═	═	═	═	═	
Vertigo callosa		═	═	═	═	═	
Vertigo ovatula trolli		═	═				
Vertigo protracta suevica		═	═	═	═	═	
Vertigo angustior oecsensis		═	═	═	═	═	?
Truncatellina strobeli suprapontica		═	═	═	═	═	?
Truncatellina sp.						═	
Gastrocopta acuminata acuminata		═	═	═	═	═	
Gastrocopta acuminata larteti		═	═	═	═	═	
Gastrocopta edlaueri		═	═	═	═	═	
Gastrocopta nouletiana		═	═	═	═	═	
Gastrocopta obstructa ferdinandi		═	═	═	═		
Gastrocopta fissidens infrapontica		═	═	═	═	═	
Gastrocopta serotina		═	═	═	═	═	─
Gastrocopta meijeri						═	
Abida schuebleri		=?=	═	═			
Abida costata			═				
Pupilla rathi						═	
Leiostyla austriaca		═	═	═	═	═	
Argna suemeghyi					═		
Vallonia costata						═	
Vallonia subpulchella	?			=?=	─?─	═	?
Acanthinula trochulus			═				
Spermodea puisseguri			═	═			─
Strobilops tiarula		═	═				
Strobilops pappi			═				
Ena sp.			═				
Succinea oblonga						═	─
Succinea sp.						═	
Papyrotheca mirabilis		═					
Punctum pygmaeum propygmaeum		═	═	═	═	═	?
Discus pleuradrus		═	═	═			
Helicodiscus roemeri		═	═				
Vitrea procrystallina steinheimensis		═	═	═	═	═	?
Vitrea subrimatula				═			
Perpolita disciformis						═	
Semilimax intermedius		═	═				
Aegopinella orbicularis		═	═	═	═	═	
Aegopis laticostatus			═	═	═	═	

Art	älter	B/C	D	E	F	G/H	jünger
Oxychilus procellarius	—	=	=	=	=	=	?
Zonitoides schaireri		=	=	=	=	=	?
Arion sp.			=				
Milax sp.		=					
Limax sp. (große Art)					=		
Limax sp. (kleine Arten)		=					
Cecilioides aciculella	—						
Fortuna clairi						=	
Triptychia sp.		=					
Triptychia limbata nov. ssp.	?	=					
Triptychia leobersdorfensis		=		— ? —			
Triptychia lageti schultzi		=			=		
Tryptychia (nov. subgen.) n. sp.		=					
Nordsieckia fischeri pontica						=	?
Clausilia voesendorfensis		=	=				
Clausilia strauchiana						=	
Pseudoleacina eburnea	—						
Testacella sp.		=					
Monacha (? Platytheba) sp.		=					
Leucochroopsis kleini	—						
Helicigona atava		=					
Helicigona wenzi					=		
Klikia kaeufeli		=					
Klikia trolli		=					
Klikia goniostoma		=					
Klikia coarctata steinheimensis	—	=					
Klikia coarctata planispira		=					
Klikia magna						=	
Galactochilus leobersdorfensis		=				=	
Tropidomphalus gigas		=					
Tropidomphalus zelli depressus		?	=	=			
Tropidomphalus richarzi						=	
Tropidomphalus doderleini						=	
Cepaea etelkae		=	=	=	=	=	?
Cepaea bulla					=		

——— kommt vor
=== im Pannon und Pont durch Fossilien belegt

Abgrenzung und Gliederung — Leitfossilien

(Siehe auch Gesamtdarstellung der biostratigraphischen Reichweiten)

Abgrenzung zum Sarmat: Leider fehlen Landschneckenfaunen des obersten Sarmats, des basalen Pannons und damit Grenzprofile, die eine scharfe Grenzziehung erlauben. Mit einiger Sicherheit kann ein Auftreten folgender Arten im Sarmat ausgeschlossen werden, die erst am Beginn des Pannons auftreten: *Leiostyla austriaca, Strobilops tiarula, Succinea oblonga, Papyrotheca mirabilis, Triptychia leobersdorfensis, Klikia kaeufeli, Klikia coarctata planispira* und *Cepaea etelkae*. Letztere ist zwar für das Pannon und Pont sehr typisch, ob sie aber am Ende des Ponts erlischt, ist durchaus fraglich.

Leitformen: Wahrscheinlich nur in Zone B/C kommt *Papyrotheca mirabilis* vor. Die Art ist aber sehr selten und im Wiener Becken bisher nur aus Leobersdorf bekannt. *Triptychia limbata* reicht mit einer neuen Unterart aus dem Sarmat in die Zone B/C und scheint dann auszusterben. Große Tropidomphali *(Tropidomphalus gigas)* scheinen auch nur in der Zone B/C vorzukommen und dann auszusterben.

Die Zone D ist durch das Erstauftreten von *Strobilops pappi*, der sich aus *Strobilops tiarula* entwickelt, von *Aegopis laticostatus*, von *Klikia trolli*, die sich von *Klikia kaeufeli* ableitet, und von *Tropidomphalus zelli depressus* gekennzeichnet. Letztere Art kommt jedoch vielleicht schon in Zone C vor. *Gastrocopta edlaueri* scheint in Zone D auszusterben, ebenso wie *Klikia coarctata steinheimensis* und *Klikia kaeufeli*.

Die Zone E zeigt nur wenig biostratigraphische Eigenständigkeit. *Strobilops tiarula* stirbt aus. *Clausilia voesendorfensis* ist zwar nur aus der Zone E bekannt, hat jedoch vermutlich eine größere Reichweite.

Die Zone F und damit der Beginn des Ponts ist durch die Einwanderung großer Triptychien *(Milneedwardsia)* und die Entwicklung der Untergattung *Steklovia* aus *Klikia (Apula) coarctata planispira* sehr gut gekennzeichnet. Am Ende der Zone F verschwinden die großen Milneedwardsien wieder. *Klikia coarctata planispira* stirbt aus, ebenso wie *Tropidomphalus zelli depressus*.

Die Zonen G und H lassen sich biostratigraphisch nicht auseinanderhalten. Das obere Pont (Zone G/H) kann vom unteren (Zone F) gut unterschieden werden. In diese Zeit fällt das Erstauftreten der Gattung *Fortuna*. An der Grenze der Zonen F und G entwickelt sich aus *Tropidomphalus zelli depressus* die Untergattung *Mesodontopsis*. *Tropidomphalus (Mesodontopsis) doderleini* kann aufgrund seiner Häufigkeit teilweise sogar kartierungsmäßig als Leitfossil des oberen Ponts benützt werden.

Abgrenzung zum Pliozän: Noch problematischer als eine eindeutige faunistische Unterscheidung von Pannon und Sarmat ist die Abgrenzung zum Pliozän. In Ostösterreich gibt es kein fossilführendes Profil vom Pont ins Pliozän. Der einzige landschneckenführende Fundort des Pliozäns unseres Raumes ist Stranzendorf. Die Fauna dieser Lokalität enthält lediglich 2 im Pont vorkommende Arten (siehe S. 113). Die Fundstelle gehört allerdings ins obere Pliozän, so daß ein Persistieren pontischer Landschnecken bis ins untere Pliozän hinein nicht ausgeschlossen werden kann. Von keiner einzigen Art kann daher behauptet werden, daß sie am Ende des Ponts ausstirbt.

Vergleich mit sarmatischen Faunen
Hollabrunn (Niederösterreich)

Diese untersarmatische Fauna beschreibt SCHÜTT (1967). Er nennt folgende Arten, die auch im Pannon und Pont des Wiener Beckens vorkommen.

Carychium sandbergeri (= *pachychilus*)
Azeca tridentiformis tridentiformis (= *austriaca*)
Negulus suturalis gracilis
Vertigo (Vertigo) callosa
Gastrocopta (Sinalbulina) ferdinandi (= *fissidens infrapontica*)
Gastrocopta (Sinalbulina) nouletiana (= *serotina*)
Gastrocopta (Sinalbulina) suevica (= *ferdinandi*)
Discus (Discus) pleuradrus pleuradrus
Cecilioides aciculella
Oxychilus (Oxychilus) subnitens (= *Aegopinella orbicularis*)
Leucochroopsis kleini kleini
Tropidomphalus (Pseudochloritis) gigas

Das sind fast 30% der von SCHÜTT angeführten Arten.

Weitere Arten sind mit solchen des Pannons und Ponts im Wiener Becken nahe verwandt oder direkte Vorläufer:

Renea (Pleuracme) subveneta (→ *leobersdorfensis*)
Truncatellina lentilii (→ *strobeli suprapontica*)
Pupilla (Gibbulinopsis) steinheimensis (→ *rathi*)
Cepaea gottschicki (→ *etelkae*)

Mehr als die Hälfte der Arten ist daher direkt zu vergleichen. PAPP (1974) führt noch *Gastrocopta (Albinula) acuminata* und *Vertigo angustior oecsensis* an, die ebenfalls übereinstimmen.

Reisperbachtal bei Krems-Stein (Niederösterreich)

PAPP (1952) führt folgende Arten an:

Carychium sandbergeri (= *pachychilus*)
Gastrocopta (Albinula) acuminata acuminata
Gastrocopta (Albinula) acuminata larteti
Gastrocopta (Albinula) edlaueri
Gastrocopta (Sinalbinula) suevica (? = *serotina*)
Gastrocopta (Sinalbinula) nouletiana
Vallonia cf. *subpulchella*
Strobilops costata
Klikia sp.
Clausilia sp.

Auch hier stimmt der größte Teil der Fauna überein.

Steinheim am Aalbuch (Württemberg)

KLEIN (1846 u. 1953), GOTTSCHICK (1911, 1920, 1921 u. 1922) sowie GOTTSCHICK u. WENZ (1919 u. 1921) führen folgende mit den pannonischen und pontischen übereinstimmende Arten an. (Neu bestimmt.)

Acme (Platyla) subpolita
Abida schuebleri
Negulus suturalis gracilis
Gastrocopta (Albinula) acuminata acuminata
Gastrocopta (Albinula) acuminata larteti
Gastrocopta (Sinalbinula) nouletiana
Gastrocopta (Sinalbinula) serotina
Vertigo (Vertigo) callosa
Vertigo (Vertigo) protracta suevica
Cochlicopa subrimata loxostoma
Aegopinella orbicularis
Vitrea (Vitrea) procrystallina steinheimensis
Discus (Discus) pleuradrus
Punctum (Punctum) pygmaeum propygmaeum
Cecilioides (Cecilioides) aciculella
Leucochroopsis kleini
Klikia (Apula) coarctata steinheimensis

Ein weiterer bedeutender Teil der Fauna ist sehr nahe verwandt mit Arten aus dem Pannon und Pont des Wiener Beckens.

Sarmatfaunen Ungarns

BARTHA (1959) nennt aus sarmatischen Ablagerungen Ungarns folgende Arten:

Gastrocopta nouletiana
Gastrocopta acuminata larteti
Vertigo (Vertilla) angustior (? = *angustior oecsensis*)
Vallonia subpulchella
Strobilops tiarula (fraglich)
Triptychia cf. *suturalis* (? = *limbata* n. ssp.)
Goniodicus costatus (= *Discus pleuradrus*)
Milax loerentheyi
Limax crassus
Monacha punctigera
Helicigona aff. *leptopoloma apicalis* (? = *Klikia*)
Cepaea sylvestrina etelkae (? = *gottschicki*)

Mehr als die Hälfte dieser Arten kommt auch im Pannon und Pont des Wiener Beckens vor. Daraus wird ersichtlich, daß der stratigraphische Wert der Landschnecken nur sehr gering ist und sich unsere Pannon- und Pontfauna nahtlos aus einer von Ungarn bis Süddeutschland ziemlich einheitlichen Fauna herausentwickelte, wobei sehr viele Arten noch mit den sarmatischen übereinstimmen.

Vergleich mit den obermiozänen Faunen Süd- und Südosteuropas

Venetien (Pannon oder Pont)

WENZ (1942b) führt aus einigen Fundorten folgende Arten an:

Zonites (Aegopis) stefanini
Campylaea (Dinarica) dalpiazi
Cepaea delphinensis
Tachaeocampylaea (Mesodontopsis) doderleini
Triptychia (Triptychia) leobersdorfensis
Poiretia (Palaeoglandina) sp.

Die Fauna läßt sich wegen des Vorkommens von *Triptychia leobersdorfensis* und *Tropidomphalus doderleini* gut mit dem Pannon/Pont des Wiener Beckens parallelisieren, weicht aber ansonsten völlig ab. Die Angabe beider Arten läßt vermuten, daß die Fossilien verschiedenen Zonen entstammen, weil sie im Wiener Becken niemals zusammen vorkommen. Das Auftreten von *Cepaea delphinensis* zeigt die Einflüsse aus der französischen Faunenprovinz, während *Dinarica* ein südosteuropäisches Faunenelement ist.

Serbien

PAPP (1955) führt folgende Arten an:

Pomatias cf. *consobrinum*
Mastus pupa maeoticus
Zonites (Aegopis) sp.
Zonites (Aegopis) laticostatus
Galactochilus sarmaticus (? = *Tropidomphalus doderleini*)
Galactochilus cf. *silesiacum*
Tropidomphalus (Pseudochloritis) gigas
Helix (Helix) mrazeci
Cepaea eversa larteti

Aufgrund dieser Fauna ist sowohl eine Einstufung ins Sarmat als auch ins Pannon oder Pont möglich. *Mastus pupa maeoticus* wurde aus dem Mäot Rumäniens beschrieben. Nahe verwandte Formen treten jedoch schon im Sarmat auf. *Aegopis laticostatus* wurde bisher nur im Pannon und Pont gefunden, während die restliche Fauna mit Ausnahme von *Helix mrazeci* eher auf ein sarmatisches Alter hinweist. Bei den Galactochilen wäre zu überprüfen, ob es sich hierbei vielleicht um Arten von *Tropidomphalus (Mesodontopsis)* handelt, die ein geringeres Alter als Sarmat belegen würden. Ein Vergleich mit diesen Faunen führt jedoch vorläufig zu keinen stratigraphischen und verbreitungsgeschichtlichen Schlüssen. Wahrscheinlich entstammen die Fossilien verschiedenaltrigen Fundschichten.

Rumänien (Mäot)

WENZ (1942a) führt folgende Arten an:

Abida cf. *frumentum* (? = *Abida schuebleri*)
Mastus (Mastus) pupa maeoticus
Zebrina (Zebrina) cylindroides
Campylaea (Dinarica) tutovana
Chilostoma (Drobacia) maeotica
Cepaea krejcii
Helix (Helix) mrazeci

Obwohl eine stratigraphische Stellung in Äquivalenten des Pannons gesichert ist, kommt keine einzige dieser Arten im Wiener Becken vor. Die Fauna zeigt Anklänge an die Serbiens.

Vergleich mit den Faunen des niederrheinischen und französischen Pliozäns

Cessey-sur-Tille

Faunenliste nach SCHLICKUM (1975). Während nur vier Arten übereinstimmen, nämlich:

Spermodea puisseguri
Succinea (Succinella) oblonga
Punctum (Punctum) pygmaeum propygmaeum
Fortuna clairi

ist ein bedeutender Teil der Fauna sehr nahe verwandt:

Acicula (Acicula) michaudiana (← *Acme edlaueri*)
Discus ruderoides (← *Discus pleuradrus*)
Semilimax kochi (← *Semilimax intermedius*)
Vitrea geisserti (← *Vitrea subrimatula*)
Aegopinella lozeki (← *Aegopinella orbicularis*)
Mesodontopsis chaixi (← *Tropidomphalus doderleini*)
Monachoides rubiginosa (? ← *Leucochroopsis kleini*)

Aus Celleneuve wird auch noch *Nordsieckia fischeri* angeführt (NORDSIECK, 1972: 167), die auch von Hauterive bekannt ist und in einer Unterart am Eichkogel vorkommt.

Pliozäne Deckschichten der niederrheinischen Braunkohle

Aus diesen Schichten liegt noch keine vollständige Faunenbearbeitung vor, jedoch ergeben sich Übereinstimmungen. So findet sich hier gleichermaßen wie am Eichkogel (Pont H) die Gattung *Fortuna*. Aus Frechen wird *Steklovia koehni* angegeben (SCHLICKUM

u. STRAUCH, 1972), die als Nachfahre der *Klikia (Steklovia) magna* aus Götzendorf anzusehen ist. Von den zahlreichen von NORDSIECK (1972) angeführten Clausilien kommt *Clausilia strauchiana* auch am Eichkogel vor. Aus dem elsässischen Pliozän wird sie ebenfalls gemeldet (NORDSIECK, 1974).

Vergleich mit dem österreichischen Pliozän

Stranzendorf (oberes Pliozän)

BINDER (1977: 34—35) führt 23 Arten an, von denen nur *Succinea oblonga* und *Vallonia costata* übereinstimmen. Vier Arten lassen sich allerdings direkt von pontischen Formen ableiten:

Punctum pygmaeum (← *Punctum pygmaeum propygmaeum*)
Vallonia pulchella (← *Vallonia subpulchella*)
Chondrula tridens (← *Azeca tridentiformis*)
Vitrea crystallina (← *Vitrea procrystallina steinheimensis*)

Die Fauna zeigt mit den pontischen Faunen des Wiener Beckens weniger Gemeinsamkeiten als die französischen, elsässischen und niederrheinischen Faunen, die noch ein typisch tertiäres Gepräge haben. Höchstwahrscheinlich ist sie jünger als diese und daher weniger vergleichbar.

Vergleich mit den pontischen Faunen Ungarns

BARTHA (1959) nennt folgende übereinstimmende Arten:

Pupula limbata (= *Acme edlaueri*)
Carychium minimum (= *Carychium pachychilus*)
Carychiopsis berthae (= *Carychium pachychilus*)
Vallonia costata
Vallonia subpulchella
Gastrocopta fissidens infrapontica
Gastrocopta nouletiana
Gastrocopta acuminata acuminata
Gastrocopta acuminata larteti
Vertigo callosa
Vertigo angustior oecsensis
Agardia suemeghyi
Abida frumentum hungarica (= *Abida schuebleri*)
Pupilla rathi
Truncatellina cylindrica (= *Truncatellina strobeli suprapontica*)
Goniodiscus costatus (= *Discus pleuradrus*)
Oxychilus procellarius
Limax sp.
Aegopis kormosi (= *Aegopis laticostatus*)
Helicigona pontica (= *Klikia goniostoma*)
Helicigona wenzi
Mesodontopsis doderleini
Cepaea neumayri
Cepaea sylvestrina etelkae (= *Cepaea etelkae*)

Das sind zwei Drittel der von BARTHA genannten Arten. Fast alle diese Arten werden am Eichkogel gefunden. Nur etwa die Hälfte kommt auch im Pannon vor, woraus ersichtlich wird, daß das Pont im Wiener Becken verhältnismäßig leicht mit jenem des Mittleren Donaubeckens zu vergleichen ist. Eine Parallelisierung einzelner Zonen mit Lokalitäten in Ungarn ist vorläufig mit Hilfe von Landschnecken nicht möglich. Außerdem findet sich noch *Tropidomphalus richarzi*, der aus Gols und vom Eichkogel bekannt ist.

SCHLICKUM (1978) führt noch folgende übereinstimmende Arten an: *Aegopinella subnitens* (= *orbicularis*), *Zonitoides schaireri*, *Gastrocopta meijeri*.

Überregionale Korrelationsmöglichkeiten

LUEGER (1979) kam aufgrund der Untersuchung von Landschneckenfaunen zu dem Schluß, daß die Oberkante des Pannon ziemlich genau der Oberkante des französischen Vallesium entspricht. Das Pont und das französische Turolium können ebenfalls korreliert werden, während Äquivalente des französischen Ruscinium (unteres Pliozän im neuen Sinne) im Wiener Becken offenbar fehlen.

Landschneckenführende Schichten des ungarischen Pannon sind nur aus der bekannten Prähominidenfundstelle Rudabanya bekannt. Sie können eventuell auch stratigraphisch mit dem Unterpont (Zone F) des Wiener Beckens korreliert werden.

Die anderen ungarischen Landschneckenfundstellen sind nach LUEGER (1979) alle pontischen Alters, wobei hier eine Dreiteilung möglich ist in:

— Straten mit Übergangsformen von *Tropidomphalus (Pseudochloritis) zelli depressus* zu *Tropidomphalus (Mesodontopsis) doderleini*. Diese Schichten entsprechen dem Übergang der Zonen F und G.
— Äquivalente unseres Oberponts (Zonen G und H). Hierher gehören die meisten ungarischen Landschneckenfundorte wie Öcs, Varpalota usw. Sie führen alle *Tropidomphalus (Mesodontopsis) doderleini*.
— *Unio-Wetzleri*-Schichten. Sie enthalten ebenfalls *Tropidomphalus (Mesodontopsis) doderleini* und eine gegenüber den vorhergehenden, tieferliegenden Schichten etwas unterschiedliche Landschneckenfauna. Äquivalente der *Unio-Wetzleri*-Schichten sind im Wiener Becken nicht sicher nachgewiesen. Sie wären stratigraphisch über der Zone H einzuordnen.

PALÄOGEOGRAPHISCHER ÜBERBLICK — FAUNENPROVINZEN
(siehe Abb. 2)

Obwohl unser Wissen über die neogenen Landschneckenfaunen noch keinen geschlossenen Überblick ermöglicht und besonders die regionale Verbreitung zahlreicher Arten noch fast unbekannt ist, lassen sich doch Hinweise einer Gliederung in Faunenprovinzen gewinnen.

Erschwerend erweist sich das Fehlen von landschneckenführenden Äquivalenten des Pannons oder Ponts in Süd- und Westdeutschland. Dies um so mehr, als diese Gebiete insofern eine tiergeographische Region darstellen, als im Sarmat die Fauna Süddeutschlands starke Anklänge zu den Faunen Österreichs und Ungarns aufweist, während das niederrheinische Gebiet im Pliozän teils eigenständige Züge, teils aber Übereinstimmun-

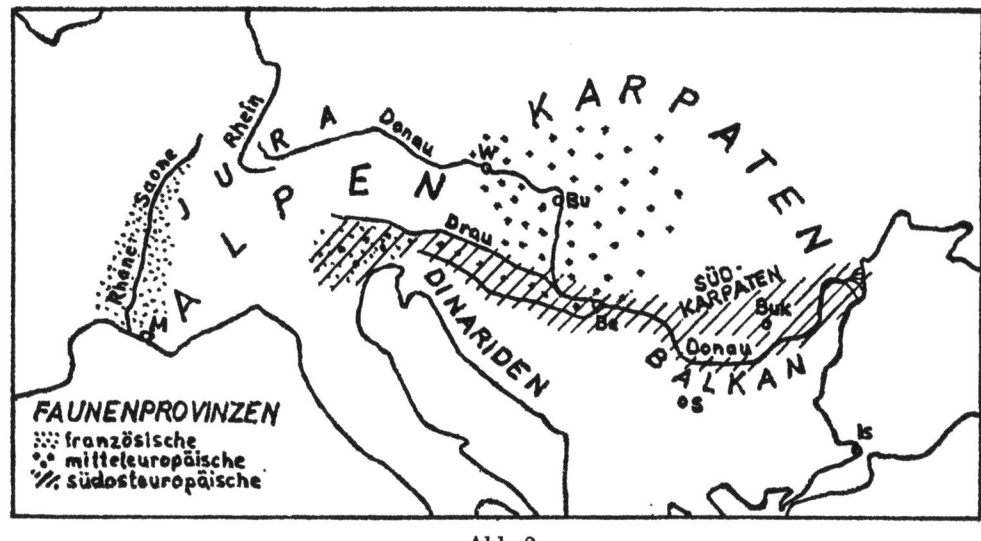

Abb. 2

gen mit den Landschneckenfaunen SO-Frankreichs zeigt (Rhônebecken). Kurzum, bei der Betrachtung der Faunenprovinzen im Pannon und Pont muß der süddeutsche Bereich ausgeklammert bleiben.

Im Vallesium (entspr. Pannon) wird die französische Provinz, die in erster Linie durch Fundstellen im Rhônebecken belegt ist, durch das Auftreten primitiver Vertreter von *Triptychia (Milneedwardsia)* von der mitteleuropäischen Faunenprovinz (Österreich und Ungarn) unterschieden, wo diese allem Anschein nach noch fehlten. Auch die Heliciden sind durch andere Arten vertreten, die jedoch zum Teil auf dieselben Vorfahren zurückgehen dürften wie die des Wiener Beckens und Ungarns. Während sich zum Beispiel in Frankreich *Tropidomphalus mollonensis* TRUC (1971) vermutlich aus dem sarmatischen *Tropidomphalus incrassatus* entwickelt, geht aus derselben Art in Mitteleuropa vermutlich *Tropidomphalus richarzi* hervor. Genauso scheint *Tropidomphalus abbretensis* der westeuropäische Nachfahre von *Tropidomphalus zelli zelli* zu sein, während sich in Mitteleuropa aus derselben Art *Tropidomphalus zelli depressus* herausbildete. Auch die Cepaeae sind durch andere Arten vertreten. Es hat den Anschein, als hätten sich diese Faunenverschiedenheiten erst nach dem Sarmat herausgebildet, worauf die geographische Mittelstellung der württembergischen Sarmatfundorte (z. B. Steinheim) hinweist, die Vorläuferformen beider Faunenprovinzen enthalten.

Wahrscheinlich erstreckte sich die französische Provinz über die Rhône-Saône-Doubs-Senke quer über die niedere Wasserscheide der Burgundischen Pforte bis ins Rheintal. Diese Vermutung drängt sich durch die deutliche Ähnlichkeit der Pliozänfauna des niederrheinischen Gebietes mit der des Elsaß und des Rhônebeckens auf, obwohl weder aus dem Elsaß noch aus dem niederrheinischen Gebiet landschneckenführende Äquivalente des Vallesiums bekannt sind.

Die vorhin genannten Milneedwardsien treten im Wiener Becken erst zu Beginn des Ponts (entspr. Turolium) auf, während zur selben Zeit in der französischen Provinz landschneckenführende Sedimente fehlen.

Eine faunistische Mittelstellung zwischen französischem und mitteleuropäischem Pannon und Pont kommt wahrscheinlich Venetien zu. Hier treten statt den großen Milneedwardsien, wie im Wiener Becken die kleineren echten Triptychien auf. Andererseits haben die Cepaeen mit *Cepaea delphinensis* deutlich französisches Gepräge. Die mitteleuropäische *Cepaea etelkae* fehlt. Das Vorkommen der Untergattung *Dinarica* zeigt auch die faunistischen Einflüsse aus SO-Europa.

In ähnlicher Weise stellen die Faunen Serbiens einen Übergang zwischen der mitteleuropäischen Landschneckenfaunenprovinz und jener SO-Europas dar. In Serbien wird jedoch durch das Auftreten der Gattungen *Helix* und *Mastus* ein deutlich SO-europäischer Akzent gesetzt. Diese beiden Gattungen scheinen im Pannon und Pont nur für die SO-europäische Provinz typisch gewesen zu sein, während sie in der mittel- und westeuropäischen fehlen. Auch *Dinarica* ist als typisches SO-europäisches Faunenelement aufzufassen.

Im Pannon und Pont kann *Cepaea etelkae* als typisches Fossil der mitteleuropäischen Faunenprovinz gewertet werden. Im Pont kommen hier noch *Klikia (Steklovia)* und *Tropidomphalus (Mesodontopsis)* hinzu, die sich offensichtlich erst im Pliozän weiter ausbreiten.

Als Gründe für die Aufgliederung in Faunenprovinzen kommen geographische und ökologische Gegebenheiten in Betracht. So muß man bei der Unterscheidung der französischen von der mitteleuropäischen Provinz unterschiedliche Feuchtigkeitsverhältnisse, bei der Trennung von SO- und mitteleuropäischer Faunenprovinz in erster Linie Unterschiede in der Temperatur in Betracht ziehen.

Zusammenfassung

In dieser Arbeit wurden 26 Landschneckenfundorte hinsichtlich ihrer geographischen Lage, ihrer Fundumstände und ihres Fauneninhaltes dokumentiert, stratigraphisch eingestuft und palökologisch ausgewertet. Elf von ihnen fallen in das Pannon, nämlich: Zone B/C: Lanzendorf, Hauskirchen, Leobersdorf — Sandgrube/Schottergrube; Zone C: Mistelbach; Zone D: Leobersdorf — Ziegelei, Leobersdorf — Heilsamer Brunnen; Zone D/E: Leobersdorf — Autobahnabfahrt; Zone E: Inzersdorf, Hennersdorf, Vösendorf, Föllig bei Großhöflein. Weitere fünfzehn gehören in das Pont, nämlich: Zone F: Götzendorf; Zone F/G: Sollenau, Stammersdorf — Rendezvousberg; Zone G: Gänserndorf; Zone G/H: Leopoldsdorf, Mannersdorf bei Angern, Schwechat, Fischamend, Markgrafneusiedl, Gols, Ebergassing, Velm; Zone H: Angern, Richardshof, Eichkogel.

Die Faunen spiegeln in ihrer Abfolge eine Entwicklung von einem trockenen subtropischen Klima in der Zone B/C bis zu einem atlantischen warm-gemäßigten Klima ohne sommerliche Trockenperioden in Zone F wider. Bis zur Zone H wird das Klima wieder trockener aber nicht wärmer. Die paläoklimatischen Umstände sind eingehend in LUEGER (1978) niedergelegt.

Die Eignung der Landschnecken für stratigraphische Untersuchungen hat sich als beschränkt herausgestellt. *Cepaea etelkae* kann als Leitfossil für das Pannon und Pont gelten. *Tropidomphalus (Pseudochloritis) zelli depressus* ist für die Zonen D bis F, *Tropidomphalus (Pseudochloritis) richarzi* für das obere Pont (G/H) leitend. Typisch für die feuchtwarme Periode im unteren Pont (Zone F) ist das Auftreten großer Milneedwardsien. Durch die gesicherte Entwicklung von *Tropidomphalus (Mesodontopsis) doderleini* aus *Tropidomphalus (Pseudochloritis) zelli depressus* an der Wende der Zonen F und G kann eine gute Unterscheidung von unterem und oberem Pont getroffen werden. Die Entwicklung der Untergattung *Klikia (Steklovia)* aus *Klikia (Apula)* im Pont F ermöglicht eine biostratigraphische Unterscheidung von Pannon und Pont.

Eine Kurzdarstellung zeitlich und geographisch benachbarter Faunen ermöglicht weitere Vergleiche.

Die Landschneckenfaunen des Pannon und Pont des Wiener Beckens können mit den gleichalten ungarischen Faunen zu einer mitteleuropäischen Faunenprovinz zusammengefaßt werden, die sich von der französischen und der südosteuropäischen Faunenprovinz deutlich unterscheidet. Südlich der Drau vermischen sich die Faunen vom mittel- und südosteuropäischen Typ, in Venezien sind alle drei Faunentypen vermengt.

Schriftenverzeichnis

BARTHA, F. 1959. Feinstratigraphische Untersuchungsmethoden am Oberpannon der Balatongegend. — Jb. ung. geol. Anst. **48** (1): 1—191, 17 Taf.; Budapest.

BINDER, H. 1977. Bemerkenswerte Molluskenfaunen aus dem Pliozän und Pleistozän von Niederösterreich. — Beitr. Paläont. Österr. **3**: 1—78, 14 Taf., 29 Tab., 6 Diagr.; Wien.

GOTTSCHICK, F. 1911. Aus dem Tertiärbecken von Steinheim a. A. — Jh. Ver. vaterl. Naturk. Württemberg **66**: 496—534, 1 Kt., 7 Textfig., Taf. 7; Stuttgart.

— 1920. Die Land- und Süßwassermollusken des Tertiärbeckens von Steinheim am Aalbuch. — Archiv Molluskenk. **53**: 33—66; Frankfurt a. M.

— 1921. Die Land- und Süßwassermollusken des Tertiärbeckens von Steinheim am Aalbuch. — Archiv Molluskenk. **53**: 163—181; Frankfurt a. M.

— 1922. Die Land- und Süßwassermollusken von Steinheim am Aalbuch. — Archiv Molluskenk. **54**: 10; Frankfurt a. M.

— u. WENZ, W. 1919. Die Land- und Süßwassermollusken des Tertiärbeckens von Steinheim am Aalbuch. I. Die Vertiginiden. — Nachr.-bl. dtsch. malakozool. Ges. **51**: 1—23, 1 Taf.; Frankfurt a. M.

— u. WENZ, W. 1921. Über „Pupa aperta" Sandberger. — Archiv Molluskenk. **53**: 212—213, Fig. 1; Frankfurt a. M.

KLEIN, R. 1846. Conchylien der Süßwasserkalkformation Württembergs. — Jh. Ver. vaterl. Naturk. Württemberg **2**: 60—116, 2 Taf.; Stuttgart.

— 1853. Conchylien der Süßwasserkalkformation Württembergs. — Jh. Ver. vaterl. Naturk. Württemberg **9**: 203—223, Taf. 5; Stuttgart.

LUEGER, J. P. 1977. Der Fölligschotter. — Ablagerungen eines mittelpannonischen Flusses aus dem Leithagebirge im Burgenland. — Mitt. Ges. Geol.-Bergbaustud. Österr. **24**: 1—10, 3 Abb., 2 Tab.; Wien.

— 1978. Klimaentwicklung im Pannon und Pont des Wiener Beckens aufgrund von Landschneckenfaunen. — Anz. österr. Akad. Wiss., math.-naturw. Kl. **6**: 137—149, 2 Abb.; Wien.

— 1979a. Überregionale Korrelationsmöglichkeiten mit Hilfe pannonischer und pontischer Landschnecken. — Anz. österr. Akad. Wiss., math.-naturw. Kl. **6**: 139—144, 1 Abb.; Wien.

— 1979b. Rezente Flußmollusken im Pannon (O. Miozän) des Wiener Beckens (Österreich). — Sitzungsber. österr. Akad. Wiss., math.-naturw. Kl. Abt. 1, **188** (1—10, 87—95, 2 Taf.; Wien.

NORDSIECK, H. 1972. Fossile Clausilien, I. Clausilien aus dem Pliozän W-Europas. — Archiv Molluskenk. **102** (4/6): 165—188, Taf. 9—10a, 13 Abb.; Frankfurt a. M.

— 1974. Fossile Clausilien, II. Clausilien aus dem o. Pliozän des Elsaß. — Archiv Molluskenk. **104** (1/3): 29—39, Taf. 1, 9 Abb.; Frankfurt a. M.

PAPP, A. 1951. Das Pannon des Wiener Beckens. — Mitt. geol. Ges. **44** (1946—1948): 99—103, 7 Abb., 4 Tab.; Wien.

— 1952. Zur Kenntnis des Jungtertiärs in der Umgebung von Krems an der Donau (NÖ.). — Verh. geol. Bundesanst.: 49—53; Wien.

— 1955. Beitrag zur Kenntnis der Land- und Süßwasserschnecken aus dem Jungtertiär Serbiens. — Rec. trav. Inst. Geol. „Jovan Zujovic" **8**: 21—34; Belgrad.

— 1974. Landschnecken im Sarmatien der Zentralen Patatethys. (in) E. BRESTENSKA: Sarmatien. — Chronostratigraphie und Neostratotypen **4**: 377—385, 3 Fig., 3 Taf.; Preßburg.

— u. THENIUS, E. 1954. Vösendorf — Ein Lebensbild aus dem Pannon des Wiener Beckens. — Mitt. geol. Ges. **46** (1953) (Sonderbd.): 1—109, 15 Taf.; Wien.

SCHLICKUM, W. R. 1975. Die oberpliozäne Molluskenfauna von Cessey-sur-Tille (Département Côte d'Or). — Archiv Molluskenk. **106** (1/3): 47—79, Taf. 4—6; Frankfurt a. M.

— 1978. Zur oberpannonen Molluskenfauna von Öcs, I. — Archiv Molluskenk. **108** (4/6): 245—262, Taf. 18—19, 2 Abb.; Frankfurt a. M.

— u. STRAUCH, F. 1972. Zwei neue Landschneckengattungen aus dem Neogen Europas. — Archiv Molluskenk. **102** (1/3): 71—76, 10 Abb.; Frankfurt a. M.

SCHLICKUM u. STRAUCH, F. 1973. Die Neogene Gastropodengattung Mesodontopsis PILSBRY 1895. — Archiv Molluskenk. **103** (4/6): 153—174, 14 Abb.; Frankfurt a. M.
SCHÜTT, H. 1967. Die Landschnecken der untersarmatischen Rissoenschichten von Hollabrunn, NÖ. — Archiv Molluskenk. **96** (3/6): 199—222, 24 Abb.; Frankfurt a. M.
STRAUCH, F. 1972. Zur Klimabindung mariner Organismen und ihre geologisch-paläontologische Bedeutung. — N. Jb. geol. paläont. Abh. **140** (1): 82—127, 7 Abb., 9 Tab.; Stuttgart.
TAUBER, A. F. 1941. Die Bedeutung rezenter, mariner und limnischer Geröllwanderung für das Auftreten von exotischen Geröllen mit Beispielen aus den tertiären Sedimenten des Wiener Beckens. — Jb. Reichsst. Bodenforsch. **61** (1940): 79—108, 10 Abb.; Wien.
TROLL, O. v. 1907. Die pontischen Ablagerungen von Leobersdorf und ihre Fauna. — Jb. k. k. geol. Reichsanst. **57** (1): 33—90, Taf. 2; Wien.
TRUC, G. 1971. Helicidae nouveaux du Miocène supérieur bressan; reflexions sur le genre Tropidomphalus. — Archiv Molluskenk. **101** (5/6): 275—287, Taf. 17—18, 1 Abb.; Frankfurt a. M.
VOHLAND, A. 1910. Streifzüge im östlichen Erzgebirge. II. Ein Beitrag über Flußanspülungen. — Nachr.-bl. dtsch. malakozool. Ges. **43**: 171—178, 2 Abb.; Frankfurt a. M.
WENZ, W. 1942a. Die Mollusken des Pliozän der rumänischen Erdölgebiete. — Senckenbergiana **24**: 1—293, 71 Taf.; Frankfurt a. M.
— 1942b. Zur Kenntnis der fossilen Land- und Süßwassermollusken Venetiens: 1—51; Padua.
— u. EDLAUER, A. 1942. Die Molluskenfauna der oberpontischen Süßwassermergel vom Eichkogel bei Mödling, Wien. — Archiv Molluskenk. **74** (2/3): 82—98, 1 Taf.; Frankfurt a. M.
ZEISSLER, H. 1963. Ein Hochwasser-Spülsaum eines kleinen Baches und die Bedeutung solcher Funde für die Beurteilung fossiler Mollusken-Thanatozönosen. — Arch. Molluskenk. **92** (3/4): 145—168, 1 Kt.; Frankfurt a. M.

Fossilnamen-Index

Erläuterungen

Die Namen höherer Taxa sind gesperrt geschrieben. Die gültigen Namen der im Pannon und Pont des Wiener Beckens vorkommenden Landschneckenarten und -gattungen sind halbfett gedruckt. Die Namen sind in der gültigen Schreibweise geschrieben (keine Umlaute, keine Großbuchstaben in den Artnamen). Die richtig geschriebenen Namen im Index beziehen sich daher auch auf die gleichen Namen im Text, auch wenn diese von anderen Autoren anders geschrieben wurden.

A

Abida 5, **29**, 30, 93, 94, 104, 110, 112, 113
abrettensis 60, 115
Acanthinula 34, 104, 107
Acanthinulinae 34
Achatina 16, 55, 93
Achatinaceae 49
Acicula 11, 112
acicula 49
aciculella 49, 104, 108—110
Acme 11, 12, 91, 92, 103, 104, 107, 110, 112
Acmidae 11
aculeata 34
acuminata, -um **23**—25, 93, 96, 102, 104, 110, 111, 113
Aegista 68
Aegopis 5, **43**, 44, 94, 97, 98, 103, 105, 107, 109, 111—113
Aegopinella 45, 46, 90, 92, 94, 96, 97, 101, 103, 104, 107, 109, 110, 112, 114
affinis 38
Agardia 32, 113
Aghardia 32
Albinula 23—25, 110
Alea 20, 21
amnicum 89
angustior 22, 93, 96, 102, 104, 107, 111, 113
antiqua (Torquilla) 29
antiqua (Triptychia) 55
antivertigo 21
apicalis 111
Apula 68—71, 90, 108, 109, 110, 117
Archaeozonites 43
arenaria 38

Argna 32, 96, 102—104, 107
Arion 47, 48, 94, 108
atava (Helicigona) **65**—67, 94, 108
atavus (Psilunio) 95, 97
augusti 35
austriaca (Azeka) 17, 18, 93, 102, 107, 109
austriaca (Leiostyla) 31, 91, 93, 103, 105, 107, 108
Azeca 17, 18, 93, 102, 107, 109, 113

B

bacillifera 53
balatonica 103
berthae 14—16
bisulcata 11
bleicheri 19
boettgeria 53
Bolania 13
Brotia 95
brunnense 103
Bulimus 13, 101
Bulla 55
bulla 5, **72**, 74, 75, 97, 98, 108

C

Caecilianella 49
calliosuscula 12
callosa 20—22, 104, 108, 109, 110, 113
Campylaea 60, 68, 111, 112
Campylaeinae 57
candida 35
carinulata 57
Caropa 40
Carychiinae 14

Carychiopsis 14, 15, 113
Carychium 14—16, 91, 93, 96, 102—104, 107, 109, 110, 113
Catinella 38
Cecilioides 49, 104, 108—110
cellarius 46
Cepaea 5, **72**—75, 89—91, 94 bis 99, 101—103, 105, 108, 110—113, 116, 117
chaixi 62, 112
Chilostoma 112
Chondrinidae 23
Chondrininae 29
Chondrula 113
clairi (Acanthinula) 34, 104
clairi (Fortuna) 49, 50, 108, 112
Clausilia 51—53, 96, 104, 105, 108—110, 113
Clausiliacea 50
Clausiliidae 50
Clausiliinae 51
coarctata 5, **69**, 70, 90, 94, 97, 98, 108—110
Cochlicopa 16, 17, 93, 96, 97, 108, 110
Cochlicopidae 16
Cochlicopinae 16
Congeria 91, 95—97, 103
conicus, -a, -um 10, 11, 96, 97, 103, 107
consobrina, -um 11, 111
constricta 93
cornu 95, 101
costata (Abida) 5, 30, 93, 107
costata (Archaeozonites) 44
costata (Discus) 40, 41, 111, 113
costata (Strobilops) 36, 110

costata (Vallonia) **33**, 34, 104, 105, 108, 113
Craspedopoma 13
Craspedopominae 13
crassus 111
crystallina 42, 113
Cyclophoracea 13
Cyclophoridae 13
Cyclostoma 10
cylindrica 19, 113
cylindroides 112
czjzeki 95

D

dalpiazi 111
Daudebardia 11
delphinensis 111, 115
depressus 59, 63, 64, 91, 94, 95, 97—99, 108, 109, 114, 115, 117
diaphana 42
didymodos 26
Dinarica 111, 112, 115, 116
disciformis 5, 44, 75, 102—105, 107
Discinae 40
Discus 40, 41, 90, 92, 94, 96, 101, 102, 104, 105, 107, 109—113
doderleini 61—65, 74, 99, 100 bis 103, 105, 108, 111—114, 117
Drobacia 112
dupotetii 29

E

eburnea 55, 56, 94, 96, 101, 102, 108
edlaueri (Acme) **11**, 12, 103, 104, 107, 112, 113
edlaueri (Gastrocopta) **24**, 91, 93, 95, 108—110
edlaueri (Limnocardium) 100
elegans 11
Ellobiacea 14
Ellobiidae 14
Ena 37, 104, 107
Enidae 37
Enodontacea 39
Enodontidae 39
erecta 45
escheri 95
etelkae 72—75, 89—91, 94—97, 99, 101—103, 105, 108, 110, 111, 113, 115—117
Euglandineae 55
euglyphoides 40
euryomphalus 33
eversa 111

F

falkneri 43, 44
ferdinandi 26, 27, 97, 102, 104, 107, 109
Ferussacidae 49
firmocarinata 95
fischeri 5, **50**, 51, 92, 102—105, 108, 112
fissidens 27, 91, 96, 107, 109, 113
flabellata 89, 100, 101, 103
fonyodensis 47
Fortuna 49, 50, 104, 108, 109, 112
fraudulosa 71
Frechenia 74
frumentum 29, 112, 113
Fruticicola 57, 68
fuchsi 100

G

gaali 68
Galactochilus 57—59, 62, 64, 94, 98, 108, 111
Gastrocopta 23—29, 91, 93, 95 bis 97, 102, 104, 105, 107, 109 bis 111, 113, 114
Gastrocoptinae 23
geisserti (Carychium) 14, 15
geisserti (Vitrea) 111
Gibbulinopsis 30, 31, 110
giengensis 68
gigas 58—60, 63, 64, 74, 90, 92, 108, 109, 111
gjalski 57
Glandina 55
glisei 45
godarti 68
Goniodiscus 40, 111, 113
goniostoma 68—70, 101—103, 105, 108, 113
Gonostoma 68
Gonyodiscus 40
gottschicki 72—74, 89, 110, 111
gracilidens 25, 26
gracilis (Negulus) **18**, 19, 91, 104, 107, 109, 110
gracilis (Papyrotheca) 38
grandincisivum 103
grandis 53
grossecostata 29
Gyralina 39
Gyraulus 95, 101

H

haidingeri 44
halavatsi 69
handmanni 13
hartmutnordsiecki 25
Helicacea 56

Heliceae 72
Helicellinae 56
Helicidae 56
Helicigona 65—68, 94, 97, 98, 108, 111, 113
Helicinae 72
Heliciplana 66
Helicodiscinae 39
Helicodiscus 39, 91, 103, 104, 108
Helix 33, 40, 45, 57, 60, 61, 68, 72—74, 111, 112, 116
helvetica 53
heriacensis 62
hildegardiae 55, 56
Hipparion 90
hochheimensis 48
hoernesi 91
hortensis 73
hungarica 29, 113
Hyalinia 39, 45, 46
Hygromiinae 57

I

Iberus 60
Immersidens 27
impressa 91
incrassatus 60, 115
infrapontica 27, 91, 96, 107, 109, 113
intermedius, -a 41, 94, 96, 112
irenae 11, 12

J

Janulus 40, 41
joossi (Strobilops) 36
joossi (Janulus) 40
jurinaci 13

K

kaeufeli 67, 68, 91, 94, 97, 108, 109
kinkelini 48
kleini 57, 75, 94, 96, 97, 102, 104, 108—110, 112
Klikia 5, **67**—71, 90, 91, 94—98, 101—105, 108—111, 113, 116, 117
kochi 42, 112
koehnei 71, 112
kormosi 43, 113
Kosicia 68
kotulae 42
krejcii 112

L

lageti 5, **52**—54, 97, 108
lapicida 66, 67
larteti (Cepaea) 111

arteti (Gastrocopta) **24**, 104, 107, 110, 111, 113
laticostatus **43**, 44, 94, 97, 98, 103, 105, 107, 109, 111—113
Lauria 31
Lauriinae 31
Leiostyla **31**, 91, 93, 103, 105, 107, 108
lentilii 20, 110
leobersdorfensis (Cepaea) 73
leobersdorfensis (Galactochilus) **57**, 94, 98, 108
leobersdorfensis (Renea) **13**, 91, 107, 110
leobersdorfensis (Triptychia) **53**, 54, 90, 94
lepida 33, 34
leptopoloma 111
Leucochilus, -a 23—27
Leucochroopsis **57**, 75, 94, 96, 97, 102, 104, 108—110, 112
Limacidae 48
Limacinae 48
Limax **47**, 48, 92, 94, 97, 98, 104, 108, 111, 113
limbata (Pupula) 113
limbata (Triptychia) **52**, 54, 92, 108, 109, 111
Limnocardium 100, 103
Littorinacea 10
loczyi 48
loerentheyi 68, 69, 111
loxostoma 16, 93, 96, 97, 110
lozeki 46, 112
lubrica 17
Lucena 38

M

maeotica (Chilostoma) 112
maeoticus (Mastus) 111, 112
magna (Klikia) 5, 68—**71**, 97, 103, 105, 108, 113
magna (Vertigopsis) 29
mantelli 95, 101
Margaritifera 89, 100, 101, 103
Mastodon 103
Mastus 111, 112, 116
meijeri **28**, 102, 107, 114
Melanopsis 91, 93, 95, 96, 100
menkeana 18
Mesodontopsis **61**—**65**, 74, 99 bis 102, 105, 109, 111—114, 116, 117
michaudi 11
michaudiana 112
Milacidae 47
Milax **47**, 92, 94, 104, 108, 111
Milneedwardsia 5, **52**, **54**, 98, 109, 115
minimum 14, 113

miocaenica 45
mirabilis **38**, 92, 107—109
Modicella 29, 34
moedlingensis (Leucochroopsis) 57
moedlingensis (Vertigo) 22
moersingensis 40
mollonensis 115
Monacheae 56
Monacha **56**, 68, 111
Monachoides 112
mrazeki 111, 112

N

neglecta 56
Negulus **18**, 19, 91, 104, 107, 109, 110
nehringi 62
nemoralis 62
neumayri (Cepaea) 73, 74, 113
neumayri (Congeria) 97
nitens 46
nodifera 93
Nordsieckia 5, **50**, 51, 92, 102 bis 105, 108, 112
nouleti 15
nouletiana, -um **25**, 26, 28, 91, 93, 96, 102, 104, 107, 109 bis 111, 113

O

obliqueplicata 53
oblonga **38**, 90, 107, 108, 112, 113
obstructa **26**, 97, 102, 104, 107
oddoi 57
oecsensis **22**, 93, 96, 102, 104, 107, 111
Oleacina 55
Oleacinacea 55
Oleacinidae 55
Oleacininae 55
oppoliensis 32
orbicularis **45**, 46, 90, 92, 94, 96, 97, 101, 103, 104, 107, 109, 110, 112, 114
osculum 68
ovatula **21**, 93, 107
Oxychilus 45, 46, 92, 94, 108, 109, 113

P

pachychilus, -a (Carychium) **14** bis 16, 91, 93, 96, 102—104, 107, 109, 110, 113
pachychila (Strobilops) 36, 37
Pachymilax 49
Palaeoglandina 111
pappi **36**, 37, 94—96, 101—105, 107, 109

Papyrotheca **38**, 92, 107—109
partschi 91, 95
parvulum 39
Patula 40
pentodon 29
Perpolita 5, **44**, 45, 75, 102 bis 105, 107
phacodes 68
Phaedusinae 50
Phenacolimax 41
pilari 57
Pisidium 89, 95, 100
planispira 5, **70**, 90, 97, 98, 108, 109
Planorbarius 95, 101
Platyla **12**, 91, 110
Platytheba **56**, 108
Pleuracme **13**, 91, 110
pleuradrus, -a **40**, 41, 90, 92, 94, 96, 101, 102, 104, 105, 107, 109—113
Pleurodiscus 43, 44
plicatella 35
Poiretia 55, 111
polita 12
Pomatias **10**, 11, 96, 97, 103, 107, 111
Pomatiasidae 10
Pontaegopis 5, **43**, 95
ponticus, -a (Archaeozonites) 68, 69
pontica (Helicigona) 113
pontica (Nordsieckia) 5, **50**, 51, 92, 102—105, 108
posterior 91
praecusor 41
pretiosa 13
Primipupilla 30
procellarius, -a **46**, 92, 94, 104, 108, 113
procera (Cochlicopa) 17
procera (Gastrocopta) 23, 24
procrystallina **42**, 43, 92, 94, 96, 103, 107, 110, 113
propygmaeum **39**, 102, 104, 107, 110, 112, 113
protracta **21**, 22, 104, 107, 110
Pseudidyla 52
Pseudochloritis **58**—61, 64, 65, 90, 100, 111, 114, 117
Pseudoleacina **55**, 56, 94, 96, 101, 102, 108
pseudotetrodon 15
Psilunio 95, 97, 100
puisseguri **35**, 93, 105, 107, 112
pulchella 34, 113
punctigera 111
Punctinae 39
Punctum **39**, 102, 104, 107, 110, 112, 113
Pupa 14, 20—25, 27, 29, 34

pupa 111, 112
Pupilla 30, 31, 104, 107, 110, 113
Pupillacea 16
Pupillidae 30
Pupillinae 30
Pupula 11, 113
pusilla 22
pygmaeum 39, 102, 104, 110, 112

Q

quadridentata 23

R

rathi 30, 31, 104, 107, 110, 113
recedens 45
Renea 13, 91, 107, 110
reussi 45
rhytidophorus 95
richarzi 59, **60**, 101, 105, 108, 114, 115, 117
riedeli 45
Rissoacea 11
roemeri 39, 92, 103, 104, 107
romani 36
rubiginosa 112
ruderatus 41
ruderoides 41, 112
Rumina 49

S

sandbergeri 14—16, 109, 110
Saraphia 14—16
sarmaticus 58, 62, 111
schaireri 47, 75, 94, 95, 102, 108, 114
schlosseri 29
schuebleri 29, 93, 94, 104, 107, 110, 112, 113
schultzi 5, 53, 54, 97, 108
Semilimax 41, 42, 94, 96, 107, 112
semilimax 42
sepultus 47
seringi 49, 50
serotina 26, **27**, 104, 105, 107, 109, 110
Serrulinaeae 50
silesiacus, -um 58, 111
Sinalbulina 25—27, 109, 110
spathulata 95
splendidula 20
Spermodea 35, 93, 105, 107, 112
Stagnicola 101
stefanini 111
steinheimensis *(Klikia)* **69**, 70, 94, 108, 109
steinheimensis (Pupilla) 110
steinheimensis *(Vitrea)* **42**, 92, 96, 103, 107, 110, 113

Steklovia 5, **68**—**71**, 98, 109, 110, 112, 113, 116, 117
strauchiana 51, 52, 104, 105, 108, 113
strobeli 19, 20, 91, 92, 102, 104, 107, 110, 113
Strobilops 35—37, 89—92, 94 bis 97, 101—105, 107—111
Strobilopsinae 35
Strobilus 35
subangulosus 44
subcarinata 72, 74
subcostatus 44
subcyclophorella 33, 34
subfusca 12
subfusiformis 29
subglobosa 95, 96
subhammonis 45
subnitens 45, 109, 114
subpolita 12, 91, 92, 107, 110
subpulchella 33, 34, 104, 107, 110, 111, 113
subrimata (Cochlicopa) **16**, 17, 93, 96, 97, 107, 110
subrimata (Vitrea) 42
subrimatula 42, 94, 95, 107, 112
substriata 21
Subulinidae 49
Subulininae 49
subvariabilis 29
subveneta 13, 110
Succinea 37, 38, 90, 104, 107, 108, 112, 113
Succineacea 37
Succineidae 37
Succineinae 37
Succinella 38, 90, 107, 112
suemeghyi 32, 96, 102—104, 107, 113
suevica (Gastrocopta) 28, 109, 110
suevica (Vertigo) 21, 104, 107, 110
supracostata 40
suprapontica 19, 20, 91, 92, 102, 104, 107, 110, 113
suturalis *(Negulus)* **18**, 19, 91, 104, 107, 109, 110
suturalis (Triptychia) 111
sylvestrina 73, 111, 113
szigmondyi 95

T

Tachea 73
Tacheocampylaea 61, 63, 64, 111
tenuilabris 33, 34
terveri 54
Testacella 56, 94, 108
Testacellidae 56

tiarula 35—37, 89—92, 94—97, 105, 107—109, 111
Torquilla 29
toulai 60
transsylvanica 42
Trichia 57, 75
tridens 113
tridentiformis 17, 18, 93, 102, 107, 109, 113
Triptychia 5, **52**—55, 90, 92, 94, 97, 98, 102, 108, 109, 111, 115
Triptychiidae 52
trochulus 34, 93, 104, 107
trolli 5, **21**, 68, 93—97, 103, 104, 108, 109
Tropidomphalus 58—**65**, 74, 90 bis 92, 94, 95, 97—102, 105, 108, 109, 111, 112, 114—117
truci (Helicigona) 66
truci (Negulus) 19
Truncatellina 19, 20, 91, 92, 102, 104, 107, 110, 113
Truncatellinae 18
Tudora 10
Tudorella 10
turgidula 11
turrita 32
tutovana 112

U

Unio 100

V

Vallonia 33, 34, 75, 104, 105, 107, 110, 111, 113
Valloniidae 33
Valloniinae 33
varicosa 93
Vertiginidae 18
Vertigininae 20
Vertigo **20**—22, 93, 96, 102, 104, 107, 109—111, 113
Vertigopsis 28
Vertilla 22, 111
villafranchianus 19
vindobonense (Carychium) 14
vindobonensis (Cepaea) 74
vindobonensis (Melanopsis) 93, 95, 96
vindobonensis (Pseudidyla) 52
vindobonensis (Tropidomphalus) 61, 63
Vitreinae 42
Vitrea 42, 43, 92, **94**—96, 103, 107, 110, 112, 113
Vitrinidae 41
Vitrininae 41
Vitrina 41
Viviparus 100
voesendorfensis 51, 52, 96, 108

W
wentzi 66
wenzi *(Helicigona)* **66**, 67, 97, 108, 113
wenzi (Perpolita) 45

Z
zahalkai 97
Zebrina 112
zelli 59, 60, 63, 64, 91, 94, 95, 97—99, 108, 109, 114, 115, 117

Zenobia 57
Zonitacea 41
Zonites 43, 111
Zonitidae 42
Zonitoides 47, 75, 94, 95, 102, 108, 114

TAFELN

Erklärung zu Tafel 1 (Rasterelektronenmikroskop)

Fig. 1a		*Azeca tridentiformis austriaca* n. ssp. (Holotypus), NHM (Molluskenabteilung), Pont G/H, Velm, 7,5×
	b	Selbes Exemplar (Mündungsausschnitt), 19×
Fig. 2		Gleiche Art (Paratypus), LU, Pont G/H, Velm, 7,5×
Fig. 3a		Gleiche Art (Innenbezahnung), LU, Pont G/H, Velm, 37,5×
	b	Selbes Exemplar (Ausschnitt aus dem Mündungswulst), LU, Pont G/H, Velm, 187×
Fig. 4		*Cochlicopa subrimata loxostoma* (KLEIN), NHM, Pannon E, Vösendorf, 7,5×
Fig. 5		*Carychium (Saraphia) pachychilus* SANDBERGER (Columellarapparat), LU, Pont H, Eichkogel, 37,5×
Fig. 6		Gleiche Art (Columellarapparat), LU, Pont G/H, Velm, 75×
Fig. 7		Gleiche Art, LU, Pont H, Eichkogel, 19×
Fig. 8		Gleiche Art, LU, Pont G/H, Velm, 19×
Fig. 9a		Gleiche Art, LU, Pannon D, Leobersdorf (Ziegelei), 19×
	b	Selbes Exemplar (Columellarapparat), 37,5×
Fig. 10		Gleiche Art (Columellarapparat), LU, Pont H, Eichkogel, 37,5×
Fig. 11a		*Pomatias conica* (KLEIN) (Anfangswindungen), LU, Pont H, Richardshof, 7,5×
	b	Selbes Exemplar (Skulpturausschnitt), 7,5×
	c	Selbes Exemplar (Skulpturausschnitt), 19×
Fig. 12a		Gleiche Art (Deckel von innen), LU, Pont H, Richardshof, 7,5×
	b	Selbes Exemplar (Deckel von außen), 7,5×
Fig. 13		*Acme (Platyla) subpolita* GOTTSCHICK, ED, Pannon D, Leobersdorf (Ziegelei), 19×
Fig. 14		Gleiche Art, ED, Pannon B/C, Leobersdorf (Schottergrube), 19×
Fig. 15		*Renea (Pleuracme) leobersdorfensis* (WENZ) (Holotypus), ED, Pannon B/C, Schottergrube, 19×
Fig. 16a		*Acme (Acme) edlaueri* (SCHLICKUM), LU, Pont H, Eichkogel, 19×
	b	Selbes Exemplar (Skulpturenausschnitt), 37,5×

TAFEL I

Erklärung zu Tafel 2 (Rasterelektronenmikroskop)

Fig. 1   *Truncatellina strobeli suprapontica* WENZ und EDLAUER, LU, Pont G/H, Velm, 19×
Fig. 2a *Negulus suturalis gracilis* GOTTSCHICK und WENZ, TO, Pannon B/C, Leobersdorf (Sandgrube), 19×
     b   Selbes Exemplar (Skulpturausschnitt), 75×
Fig. 3—5 *Vertigo (Vertigo) callosa* (REUSS), LU, Pont H, Eichkogel, 19×
Fig. 6a *Vertigo (Vertigo) ovatula trolli* WENZ (Bezahnung), TO, Pannon D, Leobersdorf (Ziegelei). 37,5×
     b   Selbes Exemplar, 19×
Fig. 7   Gleiche Art, TO, Pannon D, Leobersdorf (Ziegelei), 19×
Fig. 8a *Vertigo (Vertilla) angustior oecsensis* (HALAVATS), (Mündung) LU, Pont H, Eichkogel, 37,5×
     b   Selbes Exemplar, 19×
Fig. 9   Gleiche Art, LU, Pont H, Eichkogel, 19×
Fig. 10 *Gastrocopta (Albinula) acuminata acuminata* (KLEIN), LU, Pont G/H, Velm, 19×
Fig. 11 *Gastrocopta (Albinula) acuminata larteti* (DUPUY), LU, Pont H, Eichkogel, 19×
Fig. 12 *Gastrocopta (Albinula) edlaueri* (WENZ), LU, Pannon D, Leobersdorf (Ziegelei), 19×
Fig. 13 *Gastrocopta (Sinalbinula) obstructa ferdinandi* (ANDREAE), LU, Pont G/H, Velm, 19×
Fig. 14—15 *Vertigo (Vertigo) protracta suevica* GOTTSCHICK und WENZ, ED, Pont H, Eichkogel, 19×
Fig. 16—17 *Gastrocopta (Sinalbinula) nouletiana* (DUPUY), LU, Pont H, Eichkogel, 19×
Fig. 18—19 Gleiche Art (besonders großwüchsige Formen), LU, Pont G/H, Velm, 19×
Fig. 20 *Gastrocopta (? Sinalbinula) fissidens infrapontica* WENZ (Holotypus?), ED, Pannon B/C, Leobersdorf (Schottergrube), 19×
Fig. 21 Gleiche Art, ED, Pannon E, Vösendorf, 19×
Fig. 22 *Gastrocopta (Sinalbinula) nouletiana* (DUPUY), TO, Pannon D, Leobersdorf (Ziegelei), 19×
Fig. 23—24 *Gastrocopta (Sinalbinula) serotina* LOZEK, LU, Pannon D, Leobersdorf (Ziegelei), 19×
Fig. 25 *Gastrocopta (Vertigopsis) meijeri* SCHLICKUM, LU, Pont G/H, Velm, 19×
Fig. 26a Gleiche Art, LU, Pont G/H, Velm, 19×
     b   Selbes Exemplar (Mündung), 37,5×

TAFEL II

Erklärung zu Tafel 3 (Rasterelektronenmikroskop)

Fig. 1 *Abida costata* n. sp. (Holotypus), PA, Pannon D, Leobersdorf (Ziegelei), 7,5×
Fig. 2a *Abida schuebleri* (KLEIN), LU, Pont H, Eichkogel, 7,5×
    b—c Selbes Exemplar (Anfangswindungen), 19×
Fig. 3 Gleiche Art (Palatalzähne) 19×
Fig. 4 *Pupilla (Gibbulinopsis) rathi* (SANDBERGER), TO, Pont H, Eichkogel, 19×
Fig. 5—7 *Leiostyla (Leiostyla) austriaca* (WENZ), LU, Pannon D, Leobersdorf (Ziegelei), 19×
Fig. 8 Gleiche Art (juveniles Exemplar), TO, Pannon D, Leobersdorf (Ziegelei), 19×
Fig. 9a *Argna (Argna) suemeghyi* (BARTHA), LU, Pont G/H, Velm, 19×
    b Selbes Exemplar (Mündung), 37,5×
Fig. 10—11 Gleiche Art, LU, Pont G/H, Velm, 19×
Fig. 12a—c *Vallonia costata* (O. F. MÜLLER), TO, Pont H, Eichkogel, 19×
Fig. 13a—c *Vallonia subpulchella* (SANDBERGER), LU, Pont H, Eichkogel, 19×
Fig. 14 *Acanthinula trochulus* (SANDBERGER), PA, Pont H, Eichkogel, 19×
Fig. 15a—b *Spermodea puisseguri* SCHLICKUM und TRUC, LU, Pannon D, Leobersdorf Ziegelei, 19×

TAFEL III

Erklärung zu Tafel 4 (Rasterelektronenmikroskop)

Fig. 1a—c *Strobilops (Strobilops) pappi* SCHLICKUM, LU, Pont G/H, Velm, 19×
Fig. 2a—c *Stropilops (Strobilops) tiarula* (SANDBERGER), LU, Pannon D, Leobersdorf (Ziegelei), 19×
Fig. 3 Gleiche Art (Palatalleisten), LU, Pannon B/C, Lanzendorf, 19×
Fig. 4a—c *Punctum (Punctum) pygmaeum propygmaeum* ANDREAE, LU, Pont G/H, Velm, 19×
Fig. 5a Gleiche Art, LU, Pont G/H, Velm, 19×
    b Selbes Exemplar (Anfangswindungen), 75×
Fig. 6a—c *Discus (Discus) pleuradrus* (BOURGUIGNAT), LU, Pont G/H, Velm, 7,5×
Fig. 7 Gleiche Art (Anfangswindungen), LU, Pont G/H, Velm, 37,5×
Fig. 8 *Ena* sp., TO, Pont H, Eichkogel, 7,5×
Fig. 9—10 *Papyrotheca mirabilis* BRUSINA, PA, Pannon B/C, Leobersdorf (Schottergrube), 7,5×
Fig. 11a Gleiche Art, PA, Pannon B/C, Leobersdorf (Schottergrube), 37,5×
    b Selbes Exemplar, 19×
Fig. 12 *Succinea* sp., LU, Pont H, Eichkogel, 19×
Fig. 13—14 *Succinea (Succinella) oblonga* DRAPARNAUD, LU, Pannon B/C, Hauskirchen, 7,5×

TAFEL IV

Erklärung zu Tafel 5 (Rasterelektronenmikroskop)

Fig. 1a—b *Semilimax intermedius* (REUSS), LU, Pannon D, Leobersdorf (Ziegelei), 7,5×
Fig. 2   Gleiche Art, TO, Pannon B/C, Leobersdorf (Sandgrube), 7,5×
Fig. 3   Gleiche Art, LU, Pannon D, Leobersdorf (Ziegelei), 7,5×
Fig. 4a—b *Vitrea (Vitrea) procrystallina steinheimensis* GOTTSCHICK, LU, Pannon D, Leobersdorf (Ziegelei), 19×
Fig. 5a—c *Perpolita disciformis* n. sp. (Holotypus), NHM (Molluskenabteilung), Pont G/H, Velm, 7,5×
Fig. 6a—c *Zonitoides schaireri* SCHLICKUM, LU, Pont G/H, Velm, 7,5×
Fig. 7a—c *Vitrea (Vitrea) procrystallina steinheimensis* GOTTSCHICK, LU, Pont H, Richardshof, 19×
Fig. 8a—c *Vitrea (Vitrea) subrimatula* WENZ (Holotypus), ED, Pannon B/C, Leobersdorf (Schottergrube), 19×
Fig. 9a—b *Limax* sp. (kleine Art), LU, Pont H, Eichkogel, 7,5×
Fig. 10a—b *Limax* sp. (große Art), LU, Pont F, Götzendorf, 7,5×
Fig. 11a—b *Milax* sp., LU, Pont H, Eichkogel, 7,5×
Fig. 12a   *Milax* sp. (Unterseite), LU, Pont H, Eichkogel, 7,5×
       b—c Selbes Exemplar (Ausschnitte aus der Unterseite), 75×
Fig. 13a—b, 14a—b *Arion* sp., LU, Pannon D, Leobersdorf (Ziegelei), 19×

TAFEL V

Erklärung zu Tafel 6

Fig. 1a—c   *Aegopis (Pontaegopis* n. subgen.) *laticostatus* (SANDBERGER), LU, Pont F, Götzendorf, 2×
Fig. 2a—c   *Oxychilus (Oxychilus) procellarius* (JOOSS), PA, Pannon D, Leobersdorf (Ziegelei), 4×
Fig. 3   *Pomatias conica* (KLEIN), LU, Pont H, Richardshof, 4×
Fig. 4a—c, 6a—c   *Aegopinella orbicularis* (KLEIN), LU, Pont F, Götzendorf, 4×
Fig. 5a—c   Gleiche Art, TO, Pannon D, Leobersdorf (Ziegelei), 4×

TAFEL VI

Erklärung zu Tafel 7 (Rasterelektronenmikroskop)

Fig. 1   *Cecilioides (Cecilioides) aciculella* (SANDBERGER), LU, Pont H, Eichkogel, 7,5×
Fig. 2   *Fortuna clairi* SCHLICKUM und STRAUCH, LU, Pont H, Eichkogel, 7,5×
Fig. 3a—c *Helicodiscus roemeri* ANDREAE, LU, Pont H, Eichkogel, 19×
Fig. 4a—c Gleiche Art, LU, Pont H, Eichkogel, 7,5×
    d   Selbes Exemplar (Anfangswindungen), 19×
Fig. 5   *Aegopis (Pontaegopis* n. subgen.) *laticostatus* (SANDBERGER) (Anfangswindungen), LU, Pont F, Götzendorf, 7,5×
Fig. 6   Gleiche Art (Protoconch), LU, Pont F, Götzendorf, 19×
Fig. 7   ?*Nordsieckia fischeri pontica* n. ssp. (Teil der oberen Spira), LU, Pont H, Eichkogel, 19×
Fig. 8a—b *Nordsieckia fischeri pontica* n. ssp. (Holotypus), PA, Pont H, Eichkogel, 7,5×
    c   Selbes Exemplar (Mündung), 19×
Fig. 9   Gleiche Art, leider beim Fotografieren zerstört, Pont G/H, Velm, 19×
Fig. 10—12 Gleiche Art (Paratypen), PA, Pannon B/C, Leobersdorf (Sandgrube), 19×
Fig. 13   *Clausilia voesendorfensis* (PAPP und THENIUS) (Holotypus, Mündung), NHM, Pannon E, Vösendorf, 19×
Fig. 14a *Clausilia strauchiana* NORDSIECK (Nackenwulst), LU, Pont H, Eichkogel, 7,5×
    b   Selbes Exemplar (Mündung), 19×
Fig. 15   *Pseudoleacina eburnea* (KLEIN), LU, Pont G/H, Velm, 7,5×
Fig. 16   Gleiche Art, TO, Pannon D, Leobersdorf (Heilsamer Brunnen), 7,5×
Fig. 17a—b *Testacella* sp., TO, Pannon B/C, Leobersdorf (Sandgrube), 19×

TAFEL VII

Erklärung zu Tafel 8

Fig. 1 *Triptychia (Milneedwardsia) lageti schultzi* n. ssp. (Paratypus), NHM (Molluskenabteilung), Pont F, Götzendorf, 2×

Fig. 2 Gleiche Art (Holotypus, Mündung), NHM (Molluskenabteilung), Pont F, Götzendorf, 2×

Fig. 3 Gleiche Art (Paratypus, Innenlamellen), NHM (Molluskenabteilung), Pont F, Götzendorf, 2×

Fig. 4 Gleiche Art (Paratypus, Anfangswindungen), NHM (Molluskenabteilung), Pont F, Götzendorf, 4×

Fig. 5 *Triptychia (Triptychia) leobersdorfensis* (TROLL), PA, Pannon D, Leobersdorf (Ziegelei), 2×

Fig. 6 Gleiche Art, LU, Pannon D, Leobersdorf (Ziegelei), 4×

Fig. 7 *Triptychia (Triptychia) limbata* (SANDBERGER) n. ssp. (Mündung), TO, Pannon B/C, Leobersdorf (Schottergrube), 4×

Fig. 8a—b *Triptychia* (n. subgen.) n. sp., LU, Pont G/H, Velm, 4×

Fig. 9a—c, 10a—c *Helicigona wenzi* Soos, LU, Pont F, Götzendorf, 4×

TAFEL VIII

Erklärung zu Tafel 9

Fig. 1a—c   *Helicigona atava* WENZ, TO, Pannon D, Leobersdorf (Ziegelei), 4×
Fig. 2a—c   *Klikia (Apula) coarctata planispira* n. ssp. (Holotypus), NHM (Molluskenabteilung), Pannon B/C, Lanzendorf, 4×
Fig. 3a—c   *Klikia (Steklovia) magna* n. sp. (Holotypus), NHM (Molluskenabteilung), Pont F, Götzendorf, 4×

TAFEL IX

Erklärung zu Tafel 10

Fig. 1a—c *Klikia (Klikia) trolli* n. sp. (Holotypus), NHM (Molluskenabteilung), Pannon D, Leobersdorf (Ziegelei), 4×
Fig. 2a—c *Klikia (Klikia) kaeufeli* WENZ, LU, Pannon D, Leobersdorf (Ziegelei), 4×
Fig. 3a—c *Klikia (Apula) goniostoma* (SANDBERGER), LU, Pont H, Eichkogel, 4×
Fig. 4a—c *Klikia (Apula) coarctata steinheimensis* JOOSS, LU, Pannon D, Leobersdorf (Ziegelei), 4×
Fig. 5a—b *Tropidomphalus (Mesodontopsis) doderleini* (BRUSINA), LU, Pont G/H, Velm, 2×

TAFEL X

Erklärung zu Tafel 11

Fig. 1a, 2—5 Unterseite pontischer Tropidomphali. Entwicklung von *Tropidomphalus (Pseudochloritis) zelli depressus* WENZ zu *Tropidomphalus (Mesodontopsis) doderleini* (BRUSINA)

Fig. 1a—b *Tropidomphalus (Pseudochloritis) zelli depressus* WENZ, LU, Pont F, Götzendorf, 2×

Fig. 2 Übergang zwischen voriger Art zu *Tropidomphalus (Mesodontopsis) doderleini* (BRUSINA) (Nabel geritzt), LU, Pont F/G, Stammersdorf (Rendezvousberg), 2×

Fig. 3 Wie vor (zum Vergleich), LU, mittleres Pont, Nyarad (Ungarn), 2×

Fig. 4 *Tropidomphalus (Mesodontopsis) doderleini* (BRUSINA), LU, Pont G/H, Angern, 2×

Fig. 5, 6a—b Gleiche Art, LU, Pont G/H, Velm, 2×

TAFEL XI

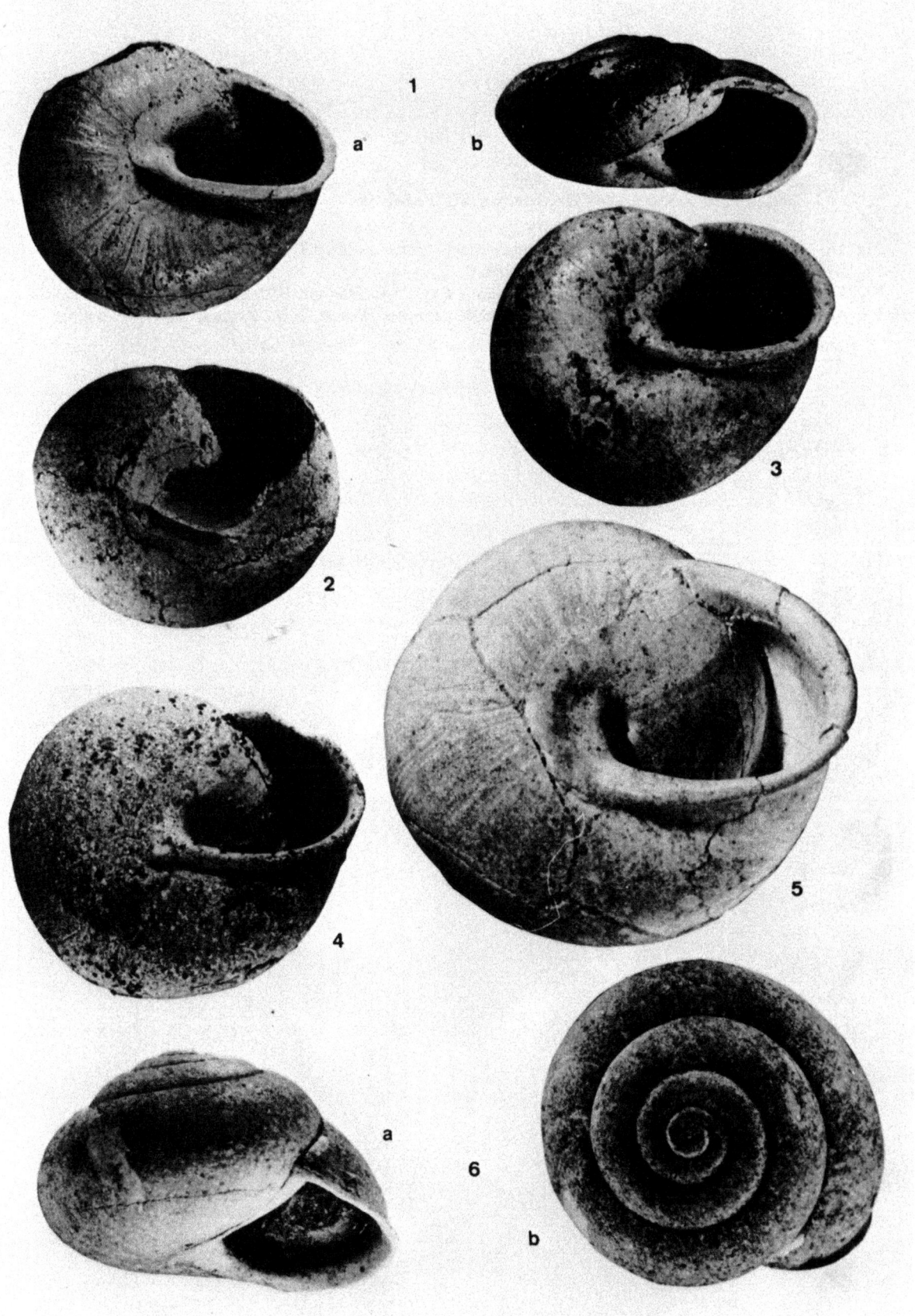

Erklärung zu Tafel 12

Fig. 1a—c *Tropidomphalus (Pseudochloritis) richarzi* (SCHLOSSER), LU, Pont G/H, Gols, 2×
Fig. 2—3 Gleiche Art, TO, Pont H, Eichkogel, 2×
Fig. 4a—c *Tropidomphalus (Pseudochloritis) gigas* PAPP, LU, Pannon B/C, Lanzendorf, 2×
Fig. 5a—c *Tropidomphalus (Pseudochloritis) zelli depressus* WENZ, LU, Pannon D, Leobersdorf (Ziegelei), 2×

TAFEL XII

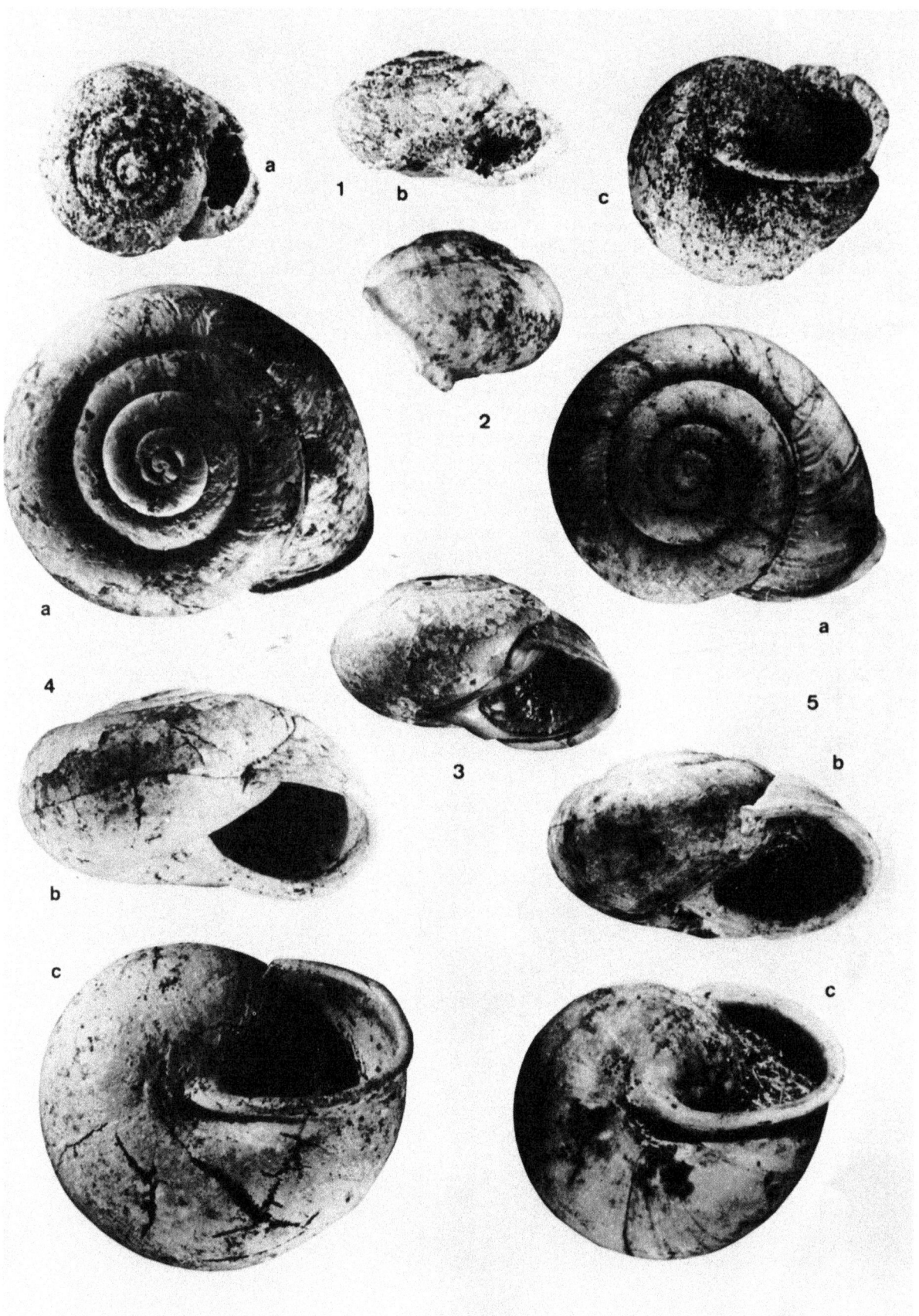

Erklärung zu Tafel 13

Fig. 1 a—c *Cepaea (Cepaea) etelkae* (HALAVATS), LU, Pont H, Öcs, 2×
Fig. 2 a—c Gleiche Art, LU, Pont H, Eichkogel, 2×
Fig. 3 a—c *Cepaea (Cepaea) bulla* n. sp. (Holotypus), NHM (Molluskenabteilung), Pont F, Götzendorf, 2×
Fig. 4   *Tropidomphalus (Pseudochloritis) gigas* PAPP, LU, Pannon B/C, Lanzendorf, 2×
Fig. 5 a—c *Galactochilus leobersdorfensis* (TROLL), NHM, Pannon D, Leobersdorf (Ziegelei), 2×

TAFEL XIII

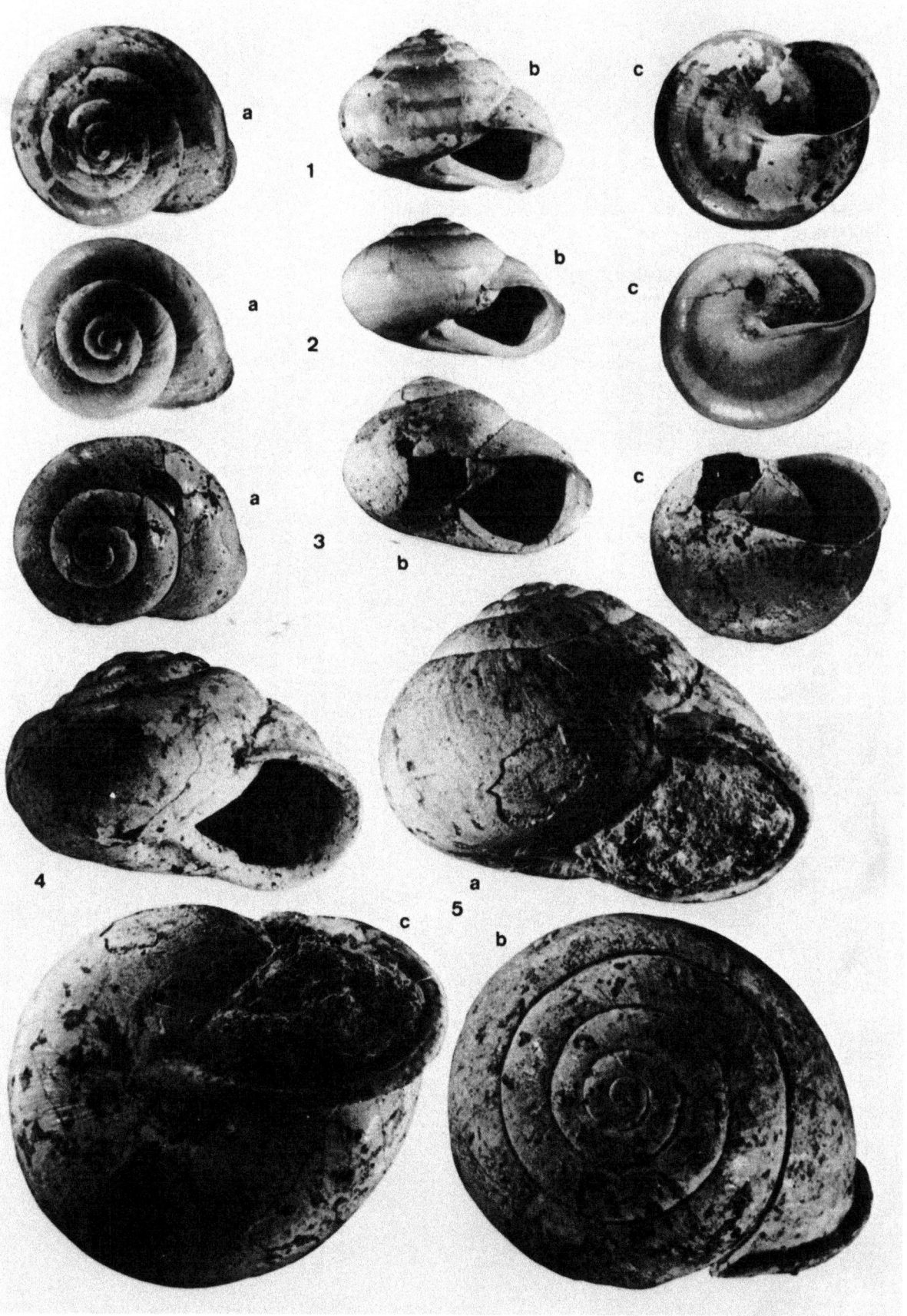

Erklärung zu Tafel 14

Fig. 1—7   *Cepaea (Cepaea) etelkae* (HALAVATS), LU, 2×
Fig. 1a—c Pont G/H, Velm
Fig. 2a—c Pont G/H, Velm
Fig. 3a—c Pont F, Götzendorf
Fig. 4a—c Pannon E, Hennersdorf
Fig. 5   Pannon D, Leobersdorf (Ziegelei)
Fig. 6   Pannon B/C, Lanzendorf
Fig. 7a—c Pannon B/C, Lanzendorf

TAFEL XIV

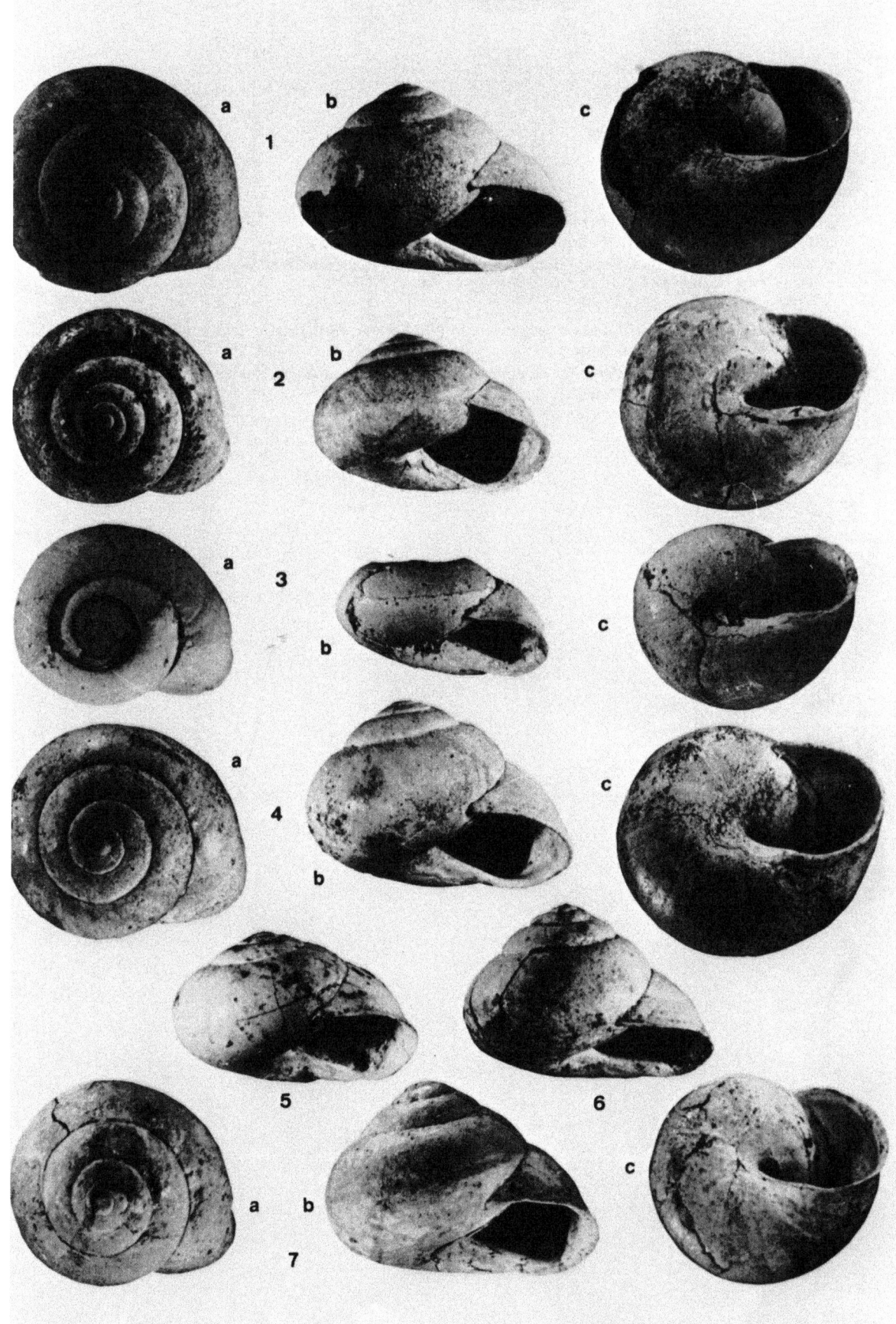

Erklärung zu Tafel 15

Fig. 1a—c   *Leucochroopsis kleini* (KLEIN), LU, Pont G/H, Velm, 4×
Fig. 2a—c   Gleiche Art, LU, Pannon D, Leobersdorf (Ziegelei), 4×
Fig. 3a   Bohrspuren an Vertiginidae (ohne Deutung) (Rasterelektronenmikroskop), LU, Pont G/H, Velm, 75×
     b   Selbes Exemplar, 375×
Fig. 4   Bohrspuren an Landschneckenschale (ohne Deutung) (Rasterelektronenmikroskop), LU, Pont G/H, Velm, 75×
Fig. 5   Bohrspuren an *Perpolita disciformis* n. sp. (ohne Deutung) (Rasterelektronenmikroskop), LU, Pont G/H, Velm, 37,5×

TAFEL XV

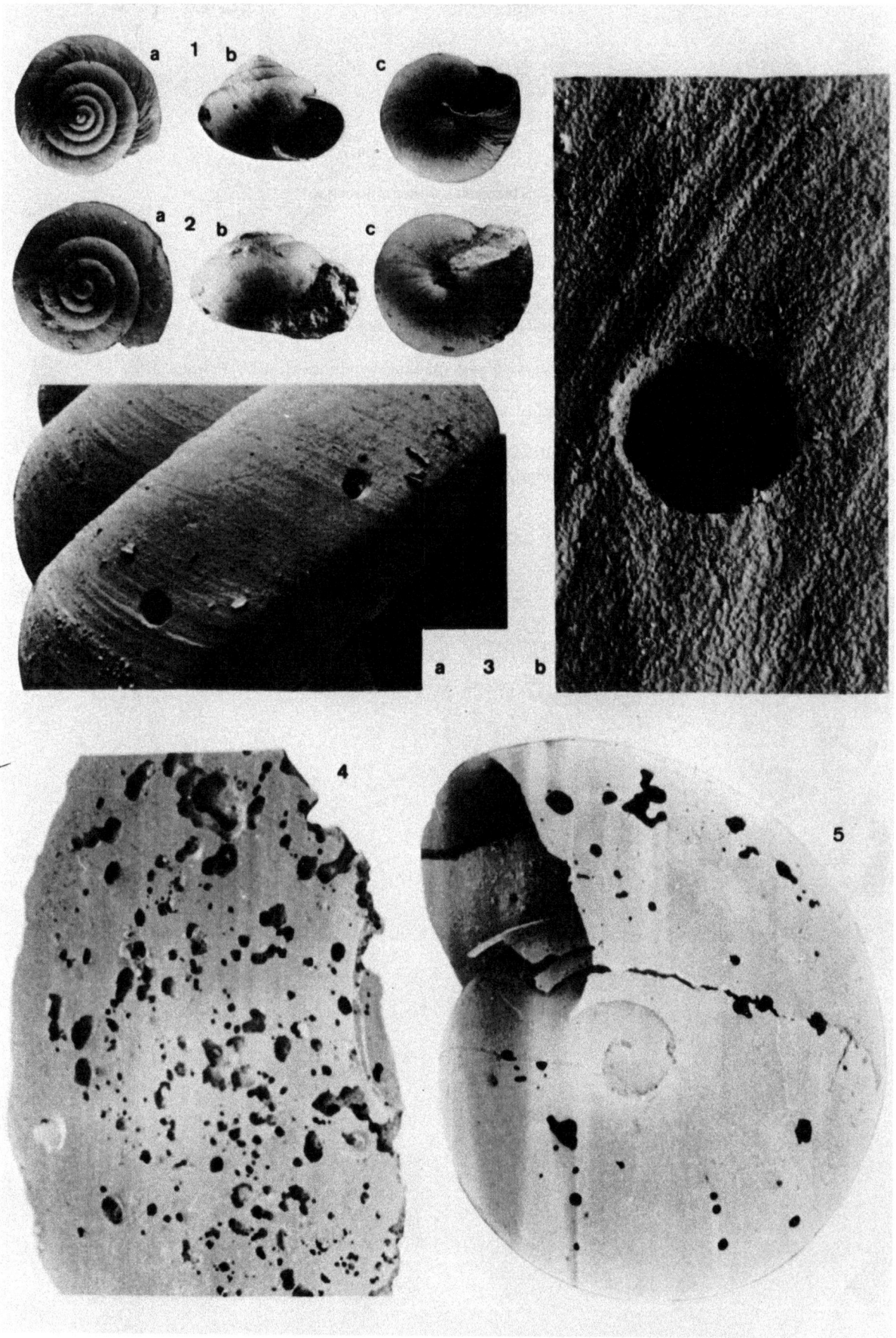

Erklärung zu Tafel 16 (Rasterelektronenmikroskop)

Fig. 1　Landschneckenei, LU, Pont G/H, Velm, 50×
Fig. 2a　Landschneckenei (Oberfläche), LU, Pont G/H, Velm, 500×
　　b　Selbes Exemplar, 50×
Fig. 3　Landschneckenei (auf die Längsachse gestellt), LU, Pont G/H, Velm, 50×
Fig. 4　*Tropidomphalus (Pseudochloritis) zelli depressus* WENZ (Anfangswindungen), LU, Pont F, Götzendorf, 19×
Fig. 5　*Tropidomphalus (Pseudochloritis) gigas* PAPP (Anfangswindungen), LU, Pannon B/C, Lanzendorf, 7,5×
Fig. 6　*Leucochroopsis kleini* (KLEIN) (Ausschnitt der Unterseite der letzten Windung), LU, Pannon D, Leobersdorf (Ziegelei), 19×
Fig. 7　*Klikia (Steklovia) magna* n. sp. (Anfangswindungen), LU, Pont F, Götzendorf, 19×
Fig. 8　*Helicigona wenzi* SOOS (Anfangswindungen), LU, Pont F, Götzendorf, 19×

TAFEL XVI

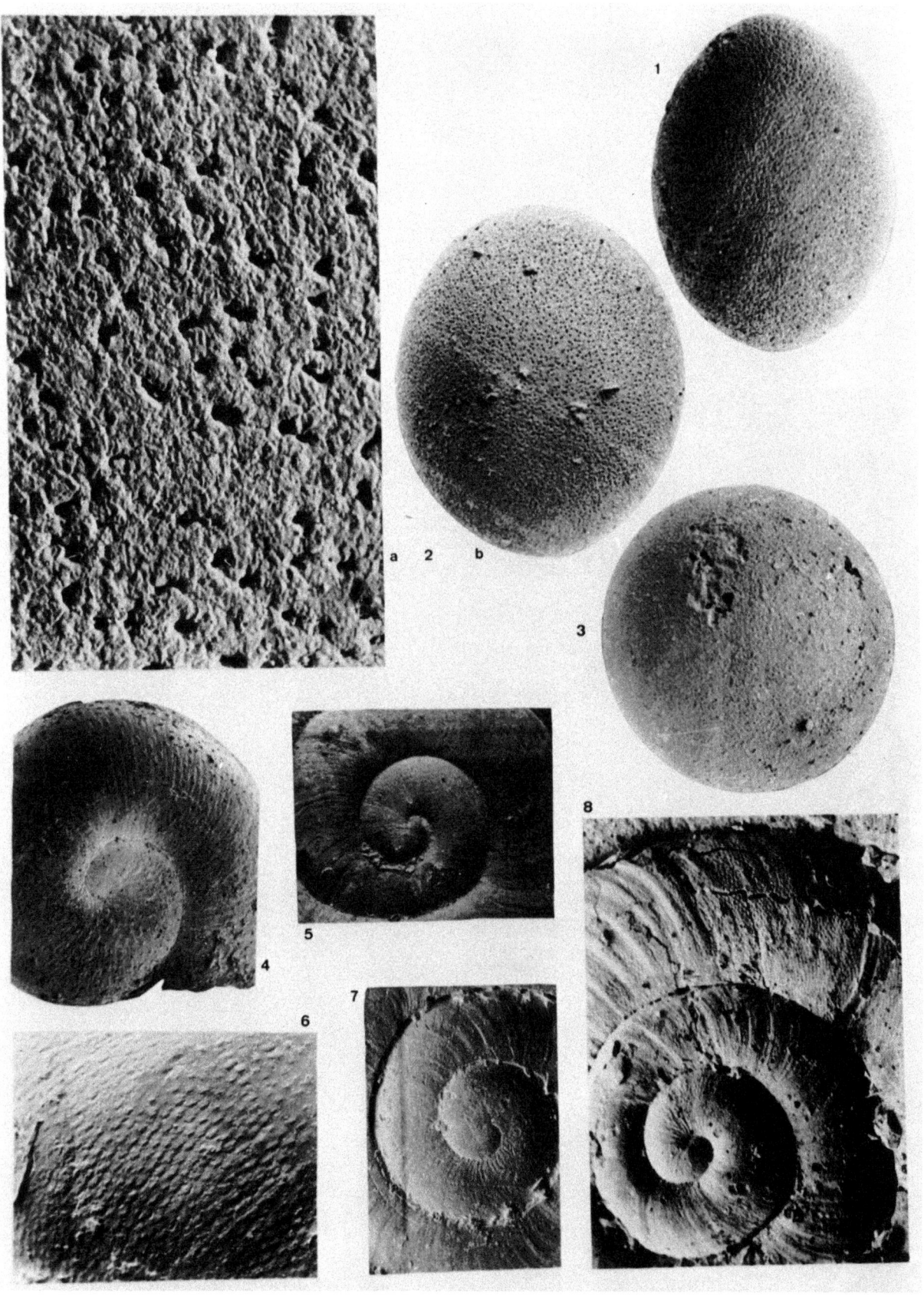

If you have any concerns about our products,
you can contact us on
ProductSafety@springernature.com

In case Publisher is established outside the EU,
the EU authorized representative is:
Springer Nature Customer Service Center GmbH
Europaplatz 3, 69115 Heidelberg, Germany

Printed by Libri Plureos GmbH
in Hamburg, Germany